普通高等教育"十一五"规划教材 （高职高专教育）

PUTONG GAODENG JIAOYU SHIYIWU GUIHUA JIAOCAI

U0643211

BIANPEIDIANSUO
ERCI XITONG

变配电所二次系统

（第二版）

阎晓霞　苏小林　合编
赵　琳　主审

中国电力出版社

http://jc.cepp.com.cn

Electric Power Technology

内 容 提 要

本书为普通高等教育"十一五"规划教材（高职高专教育）。

本书对变配电所二次系统进行了全面详细的讲述。全书共分为 7 章，主要内容包括二次电气图的基本知识、变配电所的控制系统、信号系统、同步系统、直流系统电源，互感器的二次回路及变配电所综合自动化等。书后附有电气常用新旧符号对照表等，便于教学使用。

本书主要作为高职高专院校电力技术类专业的教材，也可作为函授和自考辅导教材和电力行业技术人员参考用书。

图书在版编目（CIP）数据

变配电所二次系统/阎晓霞，苏小林编. —2 版. 北京：中国电力出版社，2007.3（2018.1 重印）

普通高等教育"十一五"规划教材. 高职高专教育

ISBN 978 - 7 - 5083 - 4975 - 6

Ⅰ. 变…　　Ⅱ. ①阎…　②苏…　　Ⅲ. 变电所—二次系统—高等学校：技术学校—教材　Ⅳ. TM645.2

中国版本图书馆 CIP 数据核字（2006）第 136021 号

中国电力出版社出版、发行

（北京市东城区北京站西街 19 号　100005　http://jc.cepp.com.cn）

航远印刷有限公司印刷

各地新华书店经售

*

2004 年 5 月第一版

2007 年 3 月第二版　　2018 年 1 月北京第十五次印刷

787 毫米×1092 毫米　16 开本　9.5 印张　225 千字

定价 28.00 元

前　言

为贯彻落实教育部《关于进一步加强高等学校本科教学工作的若干意见》和《教育部关于以就业为导向深化高等职业教育改革的若干意见》的精神，加强教材建设，确保教材质量，中国电力教育协会组织制订了普通高等教育"十一五"教材规划。该规划强调适应不同层次、不同类型院校，满足学科发展和人才培养的需求，坚持专业基础课教材与教学急需的专业教材并重、新编与修订相结合。本书为修订教材。

变配电所二次系统是变配电所的重要组成部分，它是对变配电所一次系统进行监测、控制、保护和调节的系统，直接影响变配电所的安全、可靠、经济运行。

变配电所的二次系统内容相当广泛，它包括互感器二次电路、控制系统、信号系统、测量系统、同步系统、保护系统、直流系统等。而在技术领域方面，二次系统在近几十年发生了较大变化，如变电所的控制，由最初的单一强电控制发展到今天的强电、弱电、计算机控制多种控制方式并存，其中的控制开关由原来的多触点的万能开关，逐步被结构简单的控制开关或切换开关代替。变电所的保护装置也由最初的电磁继电器构成，发展到由整流元件、晶体管、集成电路、微型计算机构成。近年来随着计算机技术、通信技术、自动控制技术、电子技术在变电所二次系统的应用，以微机为核心，将控制、测量、信号、保护、远动、管理融为一体的功能统一、信息共享的计算机监控及综合自动化系统已广泛应用于变配电所，彻底改变了常规二次系统功能独立、设备庞杂、接线及安装调试复杂的局面，使变配电所的技术和管理水平大大提高。

本教材对变配电所上述几部分系统进行了全面的阐述。作为基础知识，本教材对常规的二次系统作了较全面的介绍（保护系统考虑到有专门的教材作介绍，本书不再涉及），并对近十几年来在二次系统中发展起来的新技术、新设备，如将控制、测量、信号、远动融为一体的变电所计算机监控系统，新型的信号装置、保护测控装置都进行了较为详细的介绍，力求做到内容新颖、概念准确、技术先进、联系实际。

本教材第一、二、七章由山西大学工程学院苏小林编写，第三、四、五、六章由山西大学工程学院阎晓霞编写。全书由阎晓霞统稿，并由北京供电局设计院高级工程师赵琳审阅，提出了很多宝贵意见，在此表示衷心的感谢！

由于编者水平和条件有限，书中错误和不当处在所难免，恳请读者指正。

编　者

目　　录

第一章　二次电气图的基本知识

电气图是电气工程语言，每一位电气工程技术人员都需熟悉电气图，既要能熟练地应用电气图表达设计思想和设计意图，又要能熟练地读懂相关电气图，以便更好地开展相关技术工作。对于从事变配电系统电气运行、检修、安装和管理的工作人员，也应具有较强的电气识图能力。二次电气图是用于反映二次系统的工作原理、组成、连接关系等的一种电气工程图。由于变配电所二次系统涉及的内容多，元器件种类与数量多，范围广，所以在一个变配电工程的电气工程图中，二次电气图占有较大比例。二次系统具有连接导线多、二次设备动作程序多、工作原理复杂、工作电源种类多等特点，所以，二次电气图较为复杂。要想熟练阅读二次电气图，首先必须掌握二次电气图的基本知识。本章重点介绍二次电路图和二次接线图。为了读者能更好地掌握二次电气图，在本章也介绍电气图的一些基本概念。

第一节　电气图的基本概念

电气图是用电气图形符号、带注释的围框或简化外形表示电气系统或设备中各组成部分之间相互关系及其连接关系的一种简图。

一、电气图的分类

电气图按照表达形式和用途的不同，可分为以下几种：

（1）系统图或框图。用符号或带注释的框，概略表示系统或分系统的基本组成、相互关系及其主要特征的一种简图。

（2）电路。用图形符号并按其工作顺序排列，详细表示电路、设备或成套装置的全部组成和连接关系，而不考虑其实际位置的一种简图。其目的是便于详细理解作用原理、分析和计算电路特性，所以这种图过去习惯称为电气原理图或原理接线图。

（3）功能图。表示理论或理想的电路而不涉及实现方法的一种简图。其用途是提供绘制电路图或其他有关图的依据。

（4）逻辑图。主要用二进制逻辑单元图形符号绘制的一种简图，其中只表示功能而不涉及实现方法的逻辑图，称为纯逻辑图。

（5）功能表图。表示控制系统的作用和状态的一种简图。这种图采用图形符号和文字叙述相结合的表示方法，用以全面描述控制系统的控制过程、功能和特性。

（6）等效电路图。表示理论或理想的元件及其连接关系的一种功能图，供分析和计算电路特性和状态之用。

（7）程序图。详细表示程序单元和程序片及其互连关系的一种简图。程序图中的要素和模块的布置应能清楚地表示出其相互关系，目的是便于理解程序运行。

（8）端子功能图。表示功能单元全部外接端子，并用功能图、功能表图或文字表示其内部功能的一种简图。端子功能图主要用于电路图中。当电路比较复杂时，其中的功能单元可用端子功能图来代替，并在其内加注标记或说明，以便查找该功能单元的电路图。

（9）设备元件表。成套装置、设备和装置中各组成部分和相应数据列成的表格。其用途是表示各组成部分的名称、型号、规格和数量等。

（10）接线图或接线表。表示成套装置、设备或装置连接关系，用以进行接线和检查的一种简图或表格。

（11）单元接线图或单元接线表。表示成套装置或设备中一个结构单元内的连接关系的一种接线图或接线表。

（12）互连接线图或互连接线表。表示成套装置或设备的不同结构单元之间连接关系的一种接线图或接线表。

（13）端子接线图或端子接线表。表示成套装置或设备中一个结构单元的端子以及接在端子上的外部接线（必要时包括内部接线）的一种接线图或接线表。

（14）电缆配置图或电缆配置表。提供电缆两端位置，必要时还包括电缆功能、特性和路径等信息的一种接线图或接线表。

（15）数据单。对特定项目给出详细的资料。

（16）位置简图或位置图。表示成套装置、设备或装置中各个项目的位置的一种简图或一种图。

二、电气图形符号、文字符号

电气图中元件、部件、组件、设备、装置、线路等一般是采用图形符号、文字符号和项目代号来表示。图形符号、文字符号和项目代号可看成是电气工程语言中的"词汇"。阅读电气图，首先要了解和熟悉这些符号的形式、内容、含义，以及它们之间的相互关系。

1. 图形符号

通常用于图样或其他文件以表达一个设备或概念的图形、标记或字符，统称为图形符号。

电气图中所用的图形符号主要是一般符号和方框符号。

（1）一般符号。用以表示一类产品和此类产品特征的一种通常很简单的符号。

（2）方框符号。用以表示元件、设备等的组合及其功能的一种简单图形符号。即不给出元件、设备的细节，也不考虑所有连接，例如：正方形、长方形、圆形图形符号。

根据国家标准《电气图用图形符号》（GB4728）的规定，将电气图形符号分为11类，常用的图形符号参见附表一。

图形符号均是按无电压、无外力作用的正常状态表示的，例如，继电器、接触器的线圈未通电；断路器、隔离开关未合闸；按钮未按下；行程开关未到位等。在选用图形符号时，应尽可能采用优选形；在满足需要的前提下，尽可能采用最简单的形式；在同一图号的图中只能选用同一种图形形式。

大多数图形符号的取向是任意的。在不会引起错误理解的情况下，可根据图面布置的需要将符号旋转或取其镜像放置。

2. 文字符号

在电气图中，除了用图形符号来表示各种设备、元件等外，还在图形符号旁标注相应的文字符号，以区分不同的设备、元件，以及同类设备或元件中不同功能的设备或元件。

文字符号分为基本文字符号和辅助文字符号。基本文字符号分为单字母符号和双字母符号。

（1）单字母符号。单字母符号是用拉丁字母将各种电气设备、装置和元器件划分为 23 大类，每大类用一个专用单字母符号表示。由于拉丁字母"I"和"O"易同阿拉伯数字"1"和"0"混淆，因此不把它们作为单独的文字符号使用。字母"J"也未采用。单字母符号见附表二。

（2）双字母符号。双字母符号是由一个表示种类的单字母符号与另一字母组成，其组合形式是以单字母符号在前，另一字母在后的次序列出。只有当用单字母符号不能满足要求，需要将大类进一步划分时，才采用双字母符号，以便较详细和更具体地表述电气设备、装置和元器件。

（3）辅助文字符号。辅助文字符号是用以表示电气设备、装置和元器件以及线路的功能、状态和特征的，通常是由英文单词的前一两个字母构成。辅助文字符号一般放在基本文字符号的后边，构成组合文字符号，也可单独使用，如"ON"表示接通，"OFF"表示关闭。常用辅助文字符号见附表三。

文字符号的组合形成一般为

基本符号＋辅助符号＋数字序号

例如：第 3 组熔断器，其符号为 FU3；第 2 个接触器，其符号为 KM2。电气常用文字符号见附表四。

三、项目代号

项目是指在电气图上用一个图形符号表示的基本件、部件、组件、功能单元、设备、系统等，如电阻器、继电器、发电机、开关设备、配电系统、电力系统等。

项目代号是用于识别图、图表、表格中和设备上的项目种类，并提供项目的层次关系、实际位置等信息的一种特定的代码。通过项目代号可以将图、图表、表格、技术文件中的项目和实际设备中的该项目一一对应和联系起来。

一个完整的项目代号是由 4 个具有相关信息的代号段组成，每个代号段都用特定的前缀符号加以区分，它们分别是：

种类代号段，其前缀符号为"－"；

高层代号段，其前缀符号为"＝"；

位置代号段，其前缀符号为"＋"；

端子代号段，其前缀符号为"："。

（1）种类代号。用于识别项目种类的代号，是项目代号的核心部分。种类代号一般由字母代码和数字组成，其中的字母代码必须是规定的文字符号。例如：－K2 表示第 2 个继电器；－QS3 表示第 3 个电力隔离开关。

（2）高层代号。系统或设备中任何较高层次（对给予代号的项目而言）项目的代号，称为高层代号。高层代号可用任意选定的字符、数字表示。高层代号表示方法举例如下：

S1 系统中的第 2 个断路器 QF2，可表示为＝S1－QF2；

S 系统第 2 个子系统中第 3 个电流表 PA3，可表示为＝S＝2－PA3，简化为＝S2－PA3。

（3）位置代号。项目在组件、设备、系统或建筑物中的实际位置的代号，称为位置代号。位置代号通常由自行规定的拉丁字母或数字组成。在使用位置代号时，应给出表示该项目位置的示意图。

（4）端子代号。用以同外电路进行电气连接的电器导电件的代号，称为端子代号，一般用于表示接线端子、插头、插座、塞孔、连接片一类元件的端子。端子代号通常采用数字或大写字母表示，例如：-X：5表示端子板X的5号端子；-K4：C表示继电器K4的C号端子。

一个项目可以由一个代号段组成，也可以由几个代号段组成。通常，种类代号可单独表示一个项目，其余大多应与种类代号组合起来，才能较完整地表示一个项目。

四、电气图的基本表示方法

（一）用于电路的表示方法

在电气图中，连接线或导线可采用多线表示法、单线表示法或混合表示法。

1. 多线表示法

多线表示法是指每根连接线或导线各用一条图线表示的方法。多线表示法能详细地表达各相或各线的内容，尤其是在各相或各线内容不对称的情况下宜采用这种表示法。

2. 单线表示法

单线表示法是指两根或两根以上的连接线或导线只用一条图线表示的方法。这种表示法主要应用于三相或多线基本对称的情况。

3. 混合表示法

混合表示法是指在同一图中，一部分采用单线表示法，另一部分采用多线表示法。这种表示法兼有单线表示法简洁精炼的优点，又兼有多线表示法对描述对象精确、充分的优点。

（二）用于电气元件的表示法

电气元件在电气图中，可根据需要，分别采用集中表示法、分开表示法和半集中表示法。

1. 集中表示法

集中表示法是把一个元件各组成部分的图形符号绘制在一起的方法。在集中表示法中，各组成部分用机械连接线（虚线）互相连接起来，且连接线必须是一条直线。图1-1所示为一个继电器的集中表示法。图中，继电器的一个线圈和两对触点绘制在一起，并用机械连接线联系起来构成一个整体。

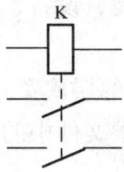

图1-1 集中表示法示例

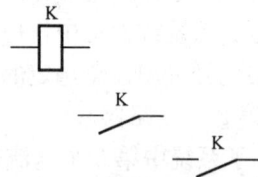

2. 半集中表示法

半集中表示法是把一个元件某些组成部分的图形符号在简图上分开布置，并用机械连接线表示它们之间关系的方法，其目的是得到清晰的电路布局。在半集中表示法中，机械连接线可以弯折、分支和交叉。如图1-2所示，继电器K的线圈和两对触点采用的就是半集中表示法。

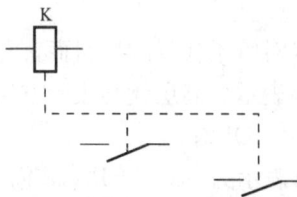

图1-2 半集中表示法示例　　　　图1-3 分开表示法示例

3. 分开表示法

分开表示法是把一个元件各组成部分的图形符号在简图上分开布置，并仅用项目代号表示它们之间的关系，其目的是得到清晰的电路布局。如图1-3所示，继电器 K 的一个线圈和两对触点采用分开表示法，分别画在不同的电路中，且各部分标注相同的项目代号。

（三）元件工作状态的表示方法

在电气图中用图形符号表示元件、器件和设备，通常对应在非激励或不工作的状态或位置，即元件、器件和设备的可动部分为非激励或不工作的状态或位置。例如：

（1）继电器和接触器在非激励的状态（线圈不带电的状态）。

（2）断路器、负荷开关和隔离开关在断开位置。

（3）带零位的手动控制开关在零位位置，不带零位的手动控制开关在图中规定的位置。

（4）机械操作开关，例如行程开关，在非工作的状态或位置，即搁置时的情况。

（四）图线的布置

表示导线、信号通路、连接线等的图线一般应为直线，即横平竖直，尽可能减少交叉和弯折。图线的布置通常有水平布置和垂直布置。

1. 水平布置

水平布置是将设备和元件按行布置，使得其连接线一般成水平布置。

2. 垂直布置

垂直布置是将设备和元件按列排列，连接线成垂直布置。

（五）电路或元件的布局

在电气图中，电路或元件的布局方法有功能布局法和位置布局法两种。

1. 功能布局法

功能布局法是指简图中元件符号的布置，只考虑元件功能关系，而不考虑实际位置的一种布局方法。在这种布局法中，是按照因果关系将各功能组从左到右或从上到下布置；每个功能组的元件集中布置在一起，一般按工作顺序排列。大部分的电气图，如系统图、电路图、逻辑图等都采用这种布局方法。

2. 位置布局法

位置布局法是指简图中元件符号的布置对应于该元件实际位置的布局方法。接线图、电缆配置图、屏面布置图等都是采用这种方法。

（六）连接线去向和接线关系的表示法

表示连接线的去向和接线关系有连续表示法和中断表示法。连续表示法是将连接线头尾用导线连通的方法。中断表示法是将连接线在中间中断，再用符号表示导线的去向。

在下列条件下可采用中断表示法：

（1）当穿越图面的连接线较长或穿越稠密区域时，允许将连接线中断，在中断处加相应的标记。

（2）去向相同的线组，也可用中断线表示，在中断处加相应的标记。

（3）一条图线需要连接到另外的图上去，则必须采用中断线表示。

第二节　二次电路图

二次电气图的基本用途是阐述二次系统的电气工作原理，提供装接和使用信息。二次电气图主要有：阐述电气工作原理的二次电路图和描述装接关系的二次接线图。

二次电路图可分为集中式二次电路图、分开式二次电路图和半集中式二次电路图。

一、集中式二次电路图

集中式二次电路图，过去习惯称为整体式原理电路图，它是把二次设备或装置各组成部分的图形符号，按照其相互关系、动作原理集中绘制在一起的电路，以整体的形式表示各二次设备之间的电气连接，一般将一次系统的有关部分画在一起。通过集中式二次电路图对二次系统的构成、动作过程和工作原理有一个明确的整体概念。

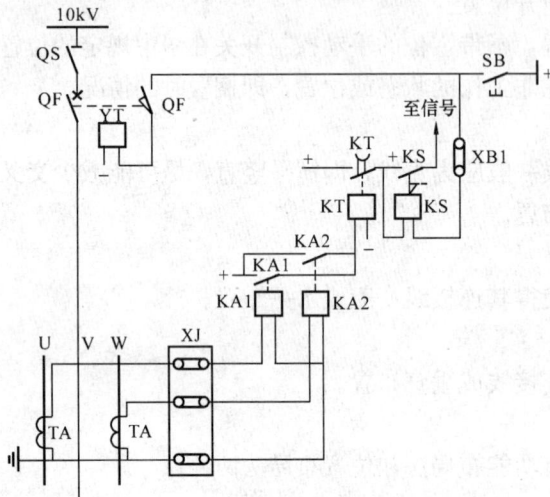

图1-4所示为某10kV线路的过电流保护集中式二次电路图。由图可知，该保护装置主要由电流互感器TA、电流继电器KA1，KA2、时间继电器KT、信号继电器KS等组成。

电路的工作原理和动作顺序为：当10kV线路故障时，连接于电流互感器TA的电流继电器KA1～KA2动作，其动合触点闭合接通时间继电器KT线圈；经过一定延时后，其动合触点闭合，发出跳闸脉冲使断路器跳闸线圈YT带电，断路器QF跳闸，切除故障；同时信号继电器KS接通，动合触点闭合发出信号。通过分析可知，该保护装置的基本功能是当10kV线路中的电流超过一定值，经过一定时间，断路器跳闸，切除线路供电电源。

图1-4　10kV线路过电流保护集中式二次电路图

由图1-4可看出集中式二次电路图具有以下特点：

（1）集中式二次电路图是以设备、元件为中心绘制的电路图，各种设备元件均以集中的形式表示，可对二次系统有一个明确的整体概念。

（2）集中式二次电路图中，往往将有关的一次系统及主要的一次设备简要地绘制在二次电路图的一旁，以便更加清晰、具体地表明二次系统对一次系统的监视、测量、保护等功能。

（3）在集中式二次电路图中，各种二次设备元件的内部结构、连接线、接线端子一般不予画出，以便突出二次系统的整体工作原理。

同时，我们也可发现，在集中式二次电路图中，各设备元件的接线端子没有标号，各种电气连接线没有标记，无法了解各元件内部之间的接线情况；电源仅示出其种类，如"＋"、"－"、"L"、"N"等，未表示引自何处；信号部分仅示出"至信号"，其内容没有详细表示。所以，不能按集中式二次电路图去接线、查线。对于较复杂的二次系统，由于设备元件及连接线很多，很难用该种电路图表示，即使画出了图，也很难阅读。

二、分开式二次电路图

分开式二次电路图，过去也习惯称为展开式原理接线图。它是将二次系统中的设备元件按分开式方法表示，即设备元件各组成部分分别绘制在不同电源的电路（亦称回路）中，主要用于说明二次系统工作原理的图。

分开式二次电路图基本出发点是按回路展开绘制，如交流电流回路、交流电压回路、直流回路等。如图 1-5 所示某 10kV 线路过流保护分开式二次电路图，该图中包括了以下几个基本回路。

（1）交流电流回路。电源是电流互感器二次绕组，负载是电流继电器的线圈 KA1 和 KA2。

（2）直流电压回路。也称为直流操作回路，电源是直流电压（+、−），负载是时间继电器线圈 KT 和断路器 QF 的跳闸线圈 YT。

（3）直流信号回路。电源是直流电压（+、−），负载是信号电器（未画出）。

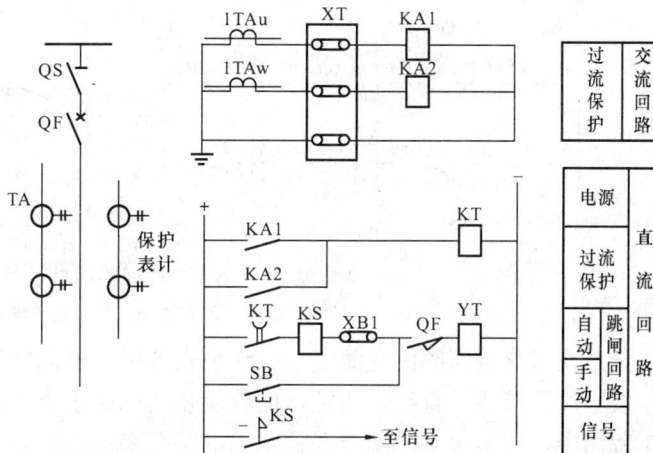

分开式二次电路图具有如下特点：

图 1-5　10kV 线路过电流保护分开式二次电路图

（1）以回路为中心绘制，将各个设备元件的不同组成部分分别画在不同回路中，例如电流继电器 KA1 的线圈在交流电流回路，其动合触点却绘制在直流电压回路。

（2）同一设备元件的不同组成部分标注同一个文字符号，通过文字符号来反映它们之间的联系，例如时间继电器的线圈和延时闭合的动合触点都标注为 KT。

（3）在每个回路中，依次从上到下排列成若干行（当水平布置时）或从左到右排列成若干列（当垂直布置时）。行从上到下按系统动作顺序排列；对于多相电路，通常按相序从上到下或从左到右排列。每行元件的排列一般也按动作顺序从左至右排列。

（4）在水平布置中，每一回路的右侧一般都有简单的文字说明，用以说明电路的名称、功能等。这些文字说明是图的重要组成部分，读图时应给予足够的重视。

（5）各回路的供电电源，除电流互感器外，一般都是通过各种电源小母线引入的。二次电路图中常用小母线见附表五所示。

（6）为了安装接线和维护检修，在分开式二次电路图中，对每个回路及其元件间的连接线一般标注回路标号。

回路标号一般由 3 位或 3 位以下的数字组成。当需要标明回路的相别和其他特征时，可在数字前加上必要的文字符号，例如表示相别的 U、V、W、N 等文字符号。对于不同用途的回路规定了标号数字的范围，对于一些比较重要的常见回路标号见附表五所示。

回路标号按等电位原则标注，即在电气回路中连于一点的所有导线用同一数字标注具有相同回路标号。当回路经过开关或继电器触点时，因为在触点断开时触点两端已不是等电位，所以应给予不同的标号。

直流回路标号从正电源开始，以奇数顺序标号，直到最后一个主要电压降元件，然后再按偶数顺序标号直至负电源。交流回路也是按这个原则标号。例如：图 1-6 给出了二次回路标号的示例，图 1-6（a）为一直流回路，与正电源相连的标号 101，经过触点 K1，标号变为 103，经过触点 K2，标号变为 105，再经降压元件 Q1，标号变为偶数，依次标号为 106、104 至负电源 102。图 1-6（b）为一交流回路，与相线相连的标号 1，经过触点 K1，标号为 3，经过触点 K2，标号为 5，再经降压元件，标号变为偶数，依次为 6、4、2 至中性线 N。

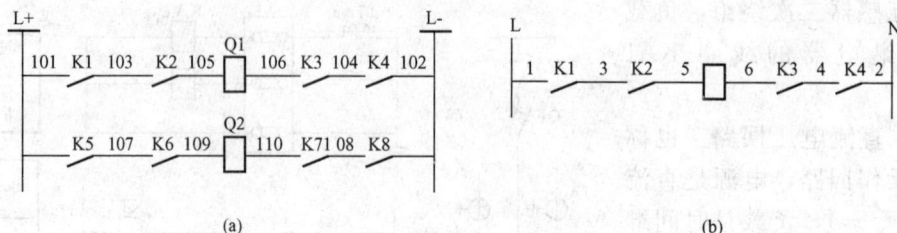

图 1-6　二次回路标号示例
(a) 直流回路；(b) 交流回路

分开式二次电路图图线清晰，在水平布置中，横向排列，符合人们的阅读习惯，易于阅读，便于按图接线、查线。通常，比较复杂的二次系统，均采用分开式二次电路图。二次电气工程图中，一般也是采用分开式二次电路图表示。

第三节　二次接线图

二次接线图是表示二次设备连接关系的一种简图，是二次系统进行布置、安装、接线、查找、调试、维修和故障分析处理的主要依据。

二次接线图按照功能的不同，可分为以下几种。

(1) 单元接线图。

(2) 互连接线图。

(3) 端子接线图。

(4) 电缆配置图。

下面重点介绍单元接线图和端子接线图。

一、单元接线图

单元接线图是表示成套装置或设备中一个结构单元内部连接关系的一种接线图。为了清楚地表示这种连接关系，通常按装置或设备的背面布置而绘制，所以，单元接线图又称为屏背面接线图，它表示了一个单元（如控制屏、配电屏）内部各个项目（即元器件）的屏背面内部连接情况。

屏背面接线图是以屏面布置图为基础，并以二次电路图为依据而绘制成的接线图。它标明了屏上各个设备的图形符号、顺序编号以及各个设备引出端子之间的连接情况和设备与端子排之间的连接情况，它是一种指导屏上配线工作的图。

1. 项目的表示与布置

单元内的元件、器件、部件和设备等项目，一般采用简化外形符号（如矩形、正方形、圆）表示。一些简单的元件，如电阻、电容、信号电器等，可以采用一般符号。各设备的引出端子，应按实际排列顺序画出。设备的内部接线，一般不需要画出，但对于有助于某些器件工作原理的了解和便于检查测试，如继电器，也可简单画出其内部结构示意图，一般只画出与引出端子有关的线圈及触点。对于安装在屏正面的设备，从屏后看不见轮廓者，其边框应用虚线表示。

项目的布置是根据屏背面的视图，将代表项目的简化外形符号或一般符号等按项目的相对位置布置。不要求按比例尺绘制，但要保证项目的相对位置正确，即上下、左右位置不能改变。对于有多面布线的单元，可按屏背面上顶、下底、左右侧面、后面、前门展开，各个项目分别布置在各视图上。

2. 项目的标注

单元接线图中，在各个项目图形的上方应加以标注。标注的内容有：①安装单位编号及设备顺序号；②与分开二次电路图相一致的该项目的文字符号；③与设备表相一致的该项目的型号。项目标注的图例见图1-7，在项目的上方画有一圆，圆中有一横线，横线上方表示安装设备的单元顺序号和设备序号，如Ⅰ表示安装单位顺序，1、2、3表示设备单元内项目顺序，其横线的下方表示项目的文字

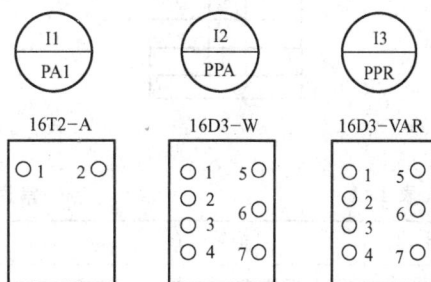

图1-7 项目标注示例

符号。在新标准中，只需在项目的简化外形符号或一般符号旁标注项目代号即可。

3. 导线的表示和标记

项目间的端子是通过导线连接的。在接线图中，导线的表示有中断线、连续线、单线、多线等形式。对于端子比较少，而且布置在一起的项目，可采用连续线表示，显得直观和方便。在电气工程图中，一般采用中断线表示导线。

在中断线表示法中，为了便于识别导线的去向，需要对导线进行标记。导线的标记方法很多，在电气工程图中，应用较广的是从属远端的相对标记法，简称相对标记法（也称相对编号法）。

所谓相对标记法是在本端的端子处标记远端所连接的端子的号，如甲、乙两个端子用导线连接，用中断表示时，在甲端子旁标上乙端子的号，在乙端子旁标上甲端子的号。如果在某个端子旁边没有标号，说明该端子是空着的，没有连接对象；如果有两个标号，说明该端子有两个连接对象。

图1-8所示为相对标记法的应用。图中，有项目端子排Ⅰ，电流继电器KA1、KA2。电流继电器KA1的1号端子标号Ⅰ：5和I2：1，表明该端子应与端子排Ⅰ的5号端子和I2的1号端子相连，同样在端子排Ⅰ的5号端子和I2的1号端子分别标号为I1：1，表明这两个端子是与I1设备（即电流继电器KA1）的1号端子相连，两者遥相呼应，分别标注对方的标号，其他端子也是如此。

二、端子接线图

端子是用以连接器件和外部导线的导电件，是二次接线中不可缺少的配件。屏内设备与屏外设备之间的连接是通过端子和电缆来实现的。许多端子组合在一起构成端子排。保护屏和控制屏的端子排，多数采用垂直布置方式，安装在屏后的两侧。有些成套保护屏采用水平布置方式，安装在屏后的下部或中部。

1. 端子的种类

常用端子的种类及用途见表1-1。

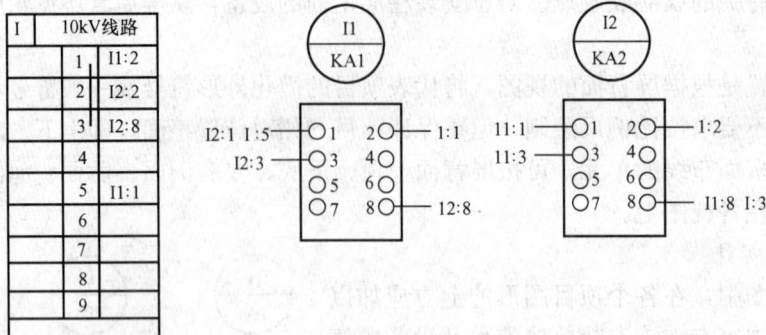

图 1-8 相对标记法的应用

表 1-1 常用端子的种类及用途

序　号	种　类	特　点　及　用　途
1	一般端子	连接电气装置不同部分的导线
2	试验端子	用于电流互感器二次绕组出线与仪表、继电器线圈之间的连接，可从其上接入试验仪表，对回路进行测试
3	连接型试验端子	用于在端子上需要彼此连接的电流试验回路中
4	连接端子	用于回路分支或合并，端子间进行连接用
5	终端端子	用于端子排的终端或中间，固定端子或分隔安装单位
6	标准端子	用于需要很方便地断开的回路中
7	特殊端子	可在不松动或不断开已接好的导线情况下断开回路
8	隔板	作绝缘隔板，以增加绝缘强度和爬电距离

2. 端子排

应经过端子排连接的回路如下：

（1）屏内设备与屏外设备的连接、同一屏上各安装单位之间的连接以及为节省控制电缆，需要经本屏转接的转接回路等，均应经过端子排。

（2）屏内设备与直接接在小母线上的设备（如熔断器、电阻、隔离开关等）的连接一般经过端子排。

（3）各安装单位主要保护的正电源一般经过端子排，其负电源应在屏内设备之间接成环形，环的两端分别接到端子排。其他回路一般均在屏内连接。

电流回路应经过试验端子；预告信号及事故信号回路和其他需要断开的回路，一般经过特殊端子或试验端子。

端子排的配置应满足运行、检修、调试的要求，并尽可能与屏上设备的位置相对应。每一个安装单位应有独立的端子排。垂直布置时，由上而下；水平布置时，由左至右按下列回路分组顺序地排列：

（1）交流电流回路（不包括自动调整励磁装置的电流回路），按每组电流互感器分组，同一保护方式的电流回路一般排在一起。其中又按数字大小由上而下排列，再按 U、V、W、N 排列。

（2）交流电压回路（不包括自动调整励磁装置的电流回路），按每组电压互感器分组。

同一保护方式的电压回路一般排在一起，其中又按数字大小排列，再按 U、V、W、N 排列。

（3）信号回路，按预告、位置、事故信号分组。

（4）控制回路，按各组熔断器分组。每组里面先排正极性回路，由小到大；再排负极性回路，由大到小。

（5）转接回路，先排本安装单位的转接端子，再排别的安装单位的转接端子。

（6）当一个安装单位的端子过多，或一个屏上仅有一个安装单位时，可将端子排成组地布置在屏的两侧。

（7）每一安装单位的端子排应编有顺序号，并应尽量在最后留 2～5 个端子作为备用。当条件许可时，各组端子排之间也宜留有 1～2 个备用端子。在端子排两端应有终端端子。

室内、屋外端子箱的端子排列，亦应按交流电流回路、交流电压回路和直流回路等成组排列；每组电流互感器的二次侧，一般在配电装置端子箱内经过端子连接成星形或三角形等接线方式。

一个端子的每端一般接一根导线，导线截面一般不超过 6mm^2。特殊情况下个别端子允许最多接两根导线。

端子排的排列式样及其应用如图 1-9 所示。

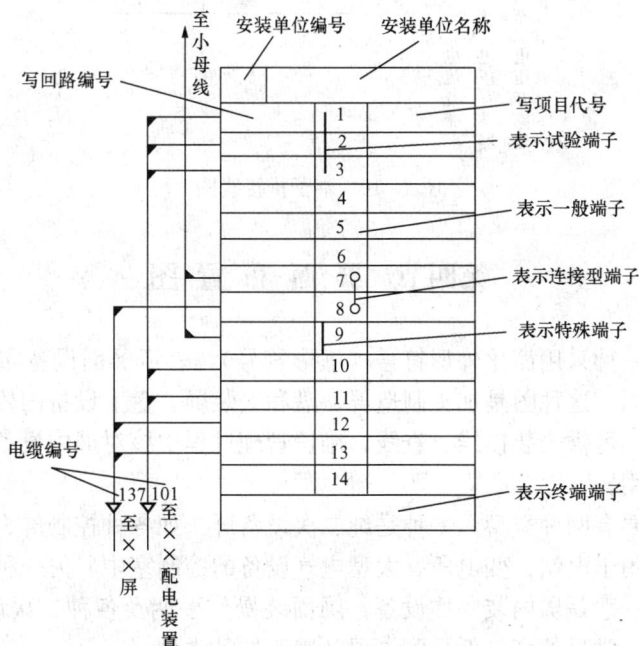

图 1-9　端子排的排列式样及其应用

3. 端子接线图

端子接线图是表示单元或设备经过端子与外部导线的连接关系。端子排属于单元或设备本身的组成部件之一。因此，端子接线图通常不表示其与内部其他部件的连接关系，但可给出相关文件的图号，以便查阅。然而，由于沿用已久的习惯，电气工程中，端子接线图也同时表示出端子排与内部设备的连接关系。

端子接线图的视图与接线面的视图一致，即布线时面对端子排的那个方向绘制。

图 1-10 所示为端子排接线图。图中端子排右侧标号是屏内设备编号；端子排左侧标号是回路编号；端子排左边外侧画出了有本屏引出的电缆及其编号；端子排的中间编号为端子排的顺序号。

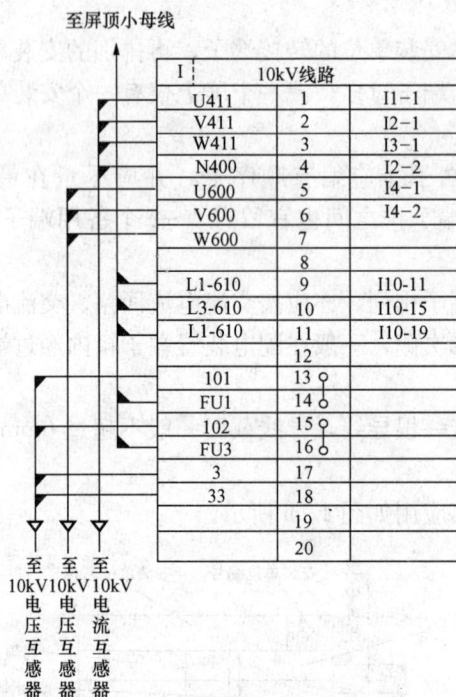

图 1-10　端子排接线图

第四节　屏面布置图

屏面布置图是一种采用简化外形符号（框形符号），表示屏面设备布置的位置简图，它是屏的一种正面视图。这种图是加工制造屏、盘和安装屏、盘上设备的依据，尤其这种图与单元接线图相对应，可供安装接线、查线，维护管理过程中核对屏内设备的名称、位置、用途及拆装、维修等用。

二次设备屏主要有两种类型。一种是纯二次设备屏，如各种控制屏、信号屏、继电保护屏等，这种屏主要用于电站、变电所、大型电气设备的控制室中。另一种屏是一次、二次设备混合安装的屏，一般是屏内装一次设备，屏面装操作手柄及各种二次设备，如电工仪表、继电器、信号灯等，常见的高、低压配电屏就属于这种类型。

屏面布置图具有以下特点：

（1）屏面布置的项目通常用实线绘制的正方形、长方形、圆形等框形符号或简化外形符号表示，个别项目也可采用一般符号。

（2）符号的大小及其间距尽可能按比例绘制，但某些较小的符号允许适当放大绘制。

（3）符号内或符号旁可以标注与电路图中相对应的文字代号，如仪表符号内标注"A"、"V"等代号，继电器符号内标注"KA"、"KV"等。

（4）屏面上的各种二次设备，通常是从上至下依次布置指示仪表、光字牌、继电器、信号灯、按钮、控制开关和必要的模拟线路。

图 1-11 是一屏面布置图。各项目按相对位置布置；各项目一般采用框形符号，但信号灯、按钮、连接片等采用一般符号；项目的大小没有完全按实际尺寸画出，但项目的中心间距则标注了严格的尺寸。

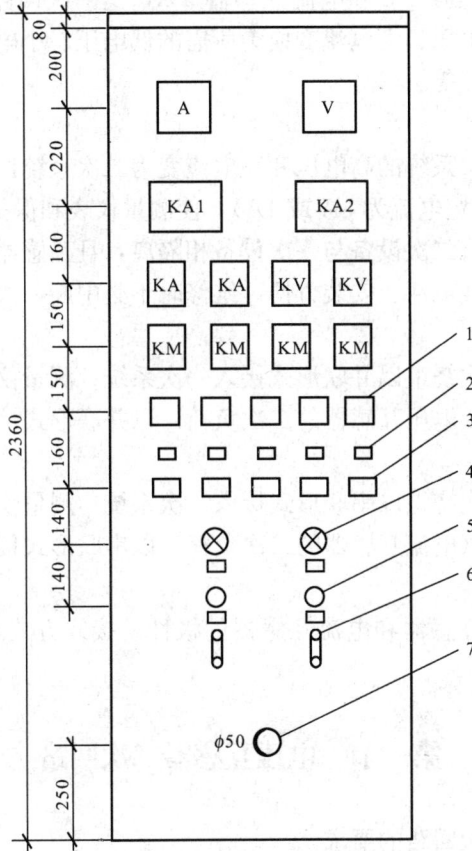

图 1-11 屏面布置图

1—信号继电器；2—标签框；3—光字牌；4—信号灯；5—按钮；6—连接片；7—穿线孔

第二章　互感器二次回路

互感器可分为电压互感器 TV 和电流互感器 TA，是一次回路和二次回路的联络设备。它们分别将一次系统的高电压、大电流变换为所需的低电压、小电流，供给测量仪表、远动装置、继电保护和自动装置等。

互感器的作用是：

（1）变换作用。将一次系统的高电压和大电流变为二次系统标准的低电压（即额定电压为 100V）和小电流（即额定电流为 5A 或 1A），使测量仪表和保护装置标准化、小型化。

（2）电气隔离作用。将二次设备与一次设备相隔离，且互感器二次侧均接地，既保证了设备和人身安全，又使接线灵活、安装方便，维修时不必中断一次设备的运行。

互感器的接入方式为：

（1）电压互感器。一次绕组以并联形式接入一次系统；测量仪表、远动装置、继电保护和自动装置等的电压线圈（电压互感器的二次负荷）以并联形式接在电压互感器的二次绕组回路。

（2）电流互感器。一次绕组以串联形式接入一次系统；测量仪表、远动装置、继电保护和自动装置等的电流线圈（电流互感器的二次负荷）以串联形式接在电流互感器的二次绕组回路。

本章将分别介绍电压互感器和电流互感器的极性、接线方式和二次回路中的有关技术问题。

第一节　电压互感器二次回路

一、对电压互感器二次回路的要求

电压互感器二次回路应满足以下要求：

（1）电压互感器的接线方式应满足测量仪表、远动装置、继电保护和自动装置等的具体要求。

（2）应有一个可靠的安全接地点。

（3）应设置短路保护。

（4）应有防止从二次回路向一次系统反馈电压的措施。

（5）对于双母线上的电压互感器，应有可靠的二次切换回路。

二、电压互感器的接线方式及适用范围

由于测量仪表、远动装置、继电保护和自动装置等二次负载对要求接入的电压不同，电压互感器应采用不同的接线方式，以满足二次负载对电压的具体要求。下面介绍电压互感器的几种常用接线方式。

1. 一个单相电压互感器接线方式

图 2-1 所示为一台单相电压互感器的接线方式。图中，一次侧接在 UV 相间，所以二

次侧反映的是 UV 线电压。这种接线方式可应用于
单相或三相系统中，可根据需要接任一线电压。此
种接线，电压互感器一次侧不能接地，二次绕组应
有一端接地。一次绕组为线电压，二次绕组额定电
压为100V。

2. 两个单相电压互感器构成的 V－V 形接线
方式

两台单相电压互感器接成 V－V 接线方式，如

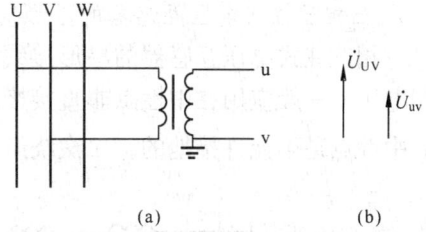

图 2-1 单相电压互感器接线方式
(a) 接线原理图；(b) 相量图

图 2-2 所示。这两个单相电压互感器分别接在线电压 U_{UV} 和 U_{VW} 上。此种接线，互感器一
次绕组不能接地，二次绕组 V 相接地。这种接线只能得到线电压和相对系统中性点的相电
压，不能得到相对地的相电压。二次绕组额定电压为100V。

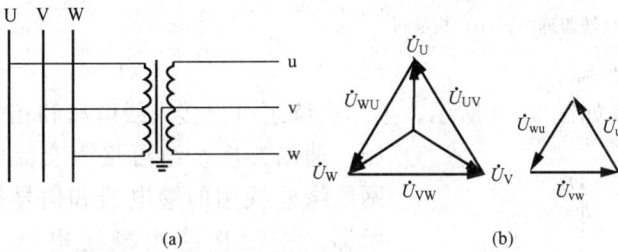

图 2-2 两个单相电压互感器的 V－V 接线
(a) 接线原理图；(b) 相量图

这种接线方式适用于中性点不
接地或经消弧线圈接地的系统中。
它的优点是既可以节省一台单相电
压互感器，又可减少系统中的对地
励磁电流，避免产生过电压。

3. 三个单相电压互感器构成
的星形接线方式

由三个单相电压互感器构成的
星形接线方式如图 2-3 所示。电

压互感器一次绕组和主二次绕组都接成星形，且两侧中性点都是直接接地的，主二次绕组引
出一根中性线，辅助二次绕组接成开口三角形。在中性点直接接地的系统中，这种接线可以
接入相电压或线电压；在中性点非直接接地或经消弧线圈接地的系统，可用来接入线电压和
供绝缘监视用的零序电压，但不能用来接入对相电压精密测量的表计。主二次绕组额定电压
为 $100/\sqrt{3}$ V。辅助二次绕组，对于中性点直接接地系统，额定电压为100V；对于中性点非
直接接地或经消弧线圈接地系统，额定电压为100/3V。

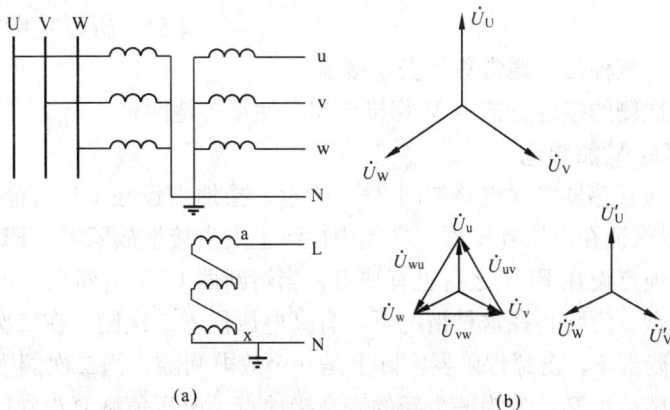

图 2-3 三个单相电压互感器构成的星形接线
(a) 接线原理图；(b) 相量图

4. 三相三柱式电压互感器的星形接线方式

三相三柱式电压互感器的星形接线方式如图 2-4 所示。这种接线方式可以接入线电压和相电压。一般应用在中性点非直接接地或经消弧线圈接地的电网中。必须注意，其一次绕组的中性点是不允许接地的。二次绕组额定电压为 $100/\sqrt{3}$ V。

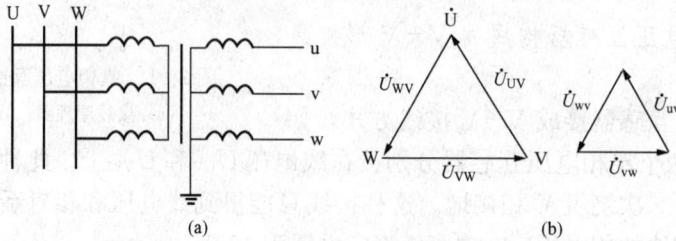

图 2-4　三相三柱式电压互感器的星形接线
(a) 接线原理图；(b) 相量图

5. 三相五柱式电压互感器的接线方式

三相五柱式电压互感器的接线方式如图 2-5 所示。主二次绕组可以接入线电压和相电压，辅助二次绕组可接入交流电网绝缘监视用的继电器和信号指示器。主二次绕组额定电压为 $100/\sqrt{3}$ V，辅助二次绕组电压按 $100/3$ V 设计。

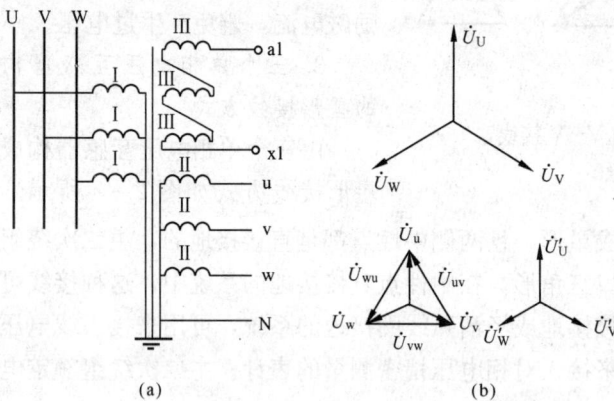

图 2-5　三相五柱式电压互感器的接线
(a) 接线原理图；(b) 相量图

三、电压互感器二次侧接地

正如前面所述，电压互感器具有电气隔离作用，在正常情况下，一次绕组和二次绕组间是绝缘的。但当一次绕组与二次绕组间的绝缘损坏后，一次侧高电压串入二次侧，将危及人身和设备安全，所以，电压互感器的二次侧必须设置接地点，该种接地通常称为安全接地。

电压互感器二次侧的接地方式有 V 相接地和中性点接地两种。

1. 电压互感器的 V 相接地

V 相接地的电压互感器二次电路如图 2-6 所示。接地点设在电压互感器 V 相，并设在熔断器 FU2 后，以保证在电压互感器二次侧中性线上发生接地故障时，FU2 对 V 相绕组起保护作用。但是接地点设在 FU2 之后也有缺点，当熔断器 FU2 熔断后，电压互感器二次绕组将失去安全接地点。为防止在这种情况下，有高电压侵入二次侧，在二次侧中性点与地之间装设一个击穿保险器 F。击穿保险器实际上是一个放电间隙，当二次侧中性点对地电压超过一定数值后，间隙被击穿，变为一个新的安全接地点。电压值恢复正常后，击穿保险器自动复归，处于开路状态。正常运行时中性点对地电压等于零（或很小），击穿保险器处于开路状态，对电压互感器二次回路的工作无任何影响，是一个后备的安全接地点。

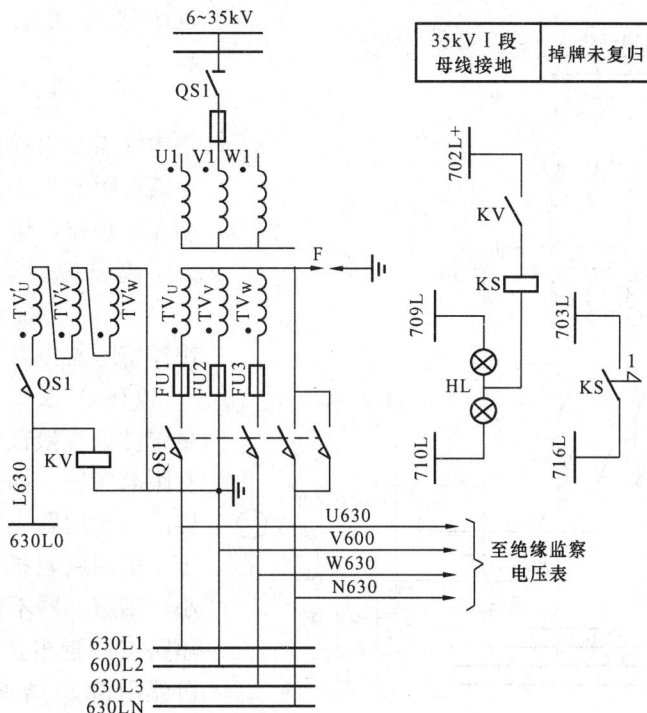

图 2-6　V 相接地的电压互感器二次电路图

2. 电压互感器的中性点接地

中性点接地的电压互感器二次电路如图 2-7 所示，星形接线的中性点与地直接相连，中性点电位为零。

对于变电所的电压互感器，110kV 及以上系统的电压互感器二次侧一般采用中性点接地（也称零相接地）；发电厂的电压互感器（35kV 及以下）多采用 V 相接地。一般电压互感器在配电装置端子箱内经端子排接地。

四、电压互感器二次回路的短路及保护

1. 设置短路保护的原因

电压互感器实际上是一个小型的降压变压器，互感器二次负载对一次侧电压无影响（因为吸收功率很微小），故一次侧相当于接了一个恒压源。电压互感器二次侧接的二次负载（电压线圈等）阻抗很大，二次电流很小，相当于变压器的空载状态，故二次电压基本上等于二次电动势值，且决定于一次电压值。对于二次回路来讲，电压互感器相当于一个电压取决于一次电压的电压源。当二次回路发生短路故障时，会产生很大的短路电流，将损坏二次绕组，危及二次设备和人身安全，所以电压互感器二次回路不允许短路，同时必须在二次侧装设短路保护设备。

2. 保护设备

电压互感器二次回路的短路保护设备有熔断器和自动开关两种。采用哪种保护主要取决于二次回路所接的继电保护和自动装置的特性。当电压回路故障不会引起继电保护和自动装置误动作的情况下，应首先采用简单方便的熔断器作为短路保护。当有可能造成继电保护和自动装置不正确动作的场合，应采用自动开关作为短路保护，以便在切除短路故障的同时，

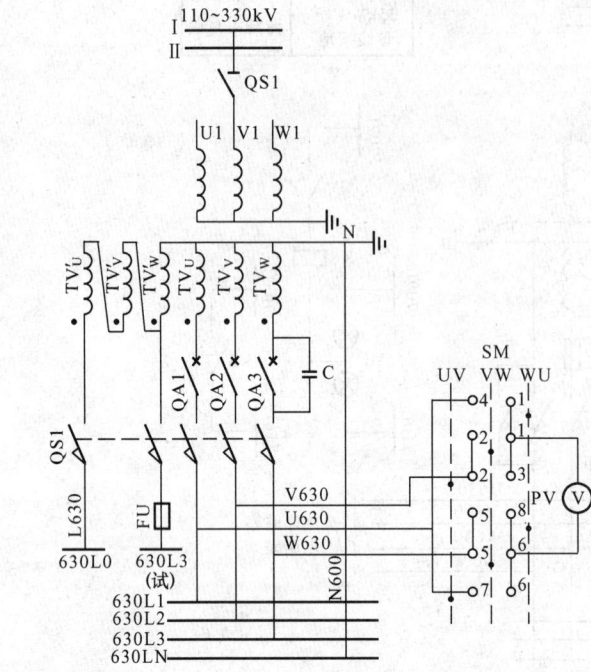

图 2-7　中性点接地的电压互感器二次电路图

SM：LW2-5.5/F4-X

触点盒型式		5			5	
触点号	1-2	2-3	1-4	5-6	6-7	5-8
位置　UV	—	●	—	—	●	—
位置　VW	●	—	—	●	—	—
位置　WU	—	—	●	—	—	●

也闭锁有关的继电保护和自动装置。

35kV 及以下电压等级的电网是中性点非直接接地的系统，一般不装设距离保护。即使二次回路末端发生短路，熔断器熔断较慢，也无距离保护误动作的问题。因此，35kV 及以下的电压互感器宜采用快速熔断器作为其短路保护设备。

110kV 及以上电压等级的电网是中性点直接接地的系统，一般装有距离保护。如果在远离电压互感器的二次回路上发生短路故障，由于二次回路阻抗较大，短路电流较小，则熔断器不能快速熔断，但在短路点附近电压比较低或等于零，可能引起距离保护的误动作。所以，对于 110kV 及以上的电压互感器多采用自动开关作为其短路保护设备。

新型的距离保护装置一般都具有性能良好的电压回路断线闭锁装置。有些运行现场在接有距离保护的电压回路也采用了熔断器作为电压回路的短路保护，运行情况良好。

3. 保护设备的配置

电压互感器二次绕组各相引出端和辅助二次绕组（开口三角绕组）的试验芯上应配置保护用的熔断器或自动开关，如图 2-6 和图 2-7 所示。熔断器或自动开关应尽可能靠近二次绕组的出口处装设，以减小保护死区。保护设备通常安装在电压互感器端子箱内，端子箱应尽可能靠近电压互感器布置。

在电压互感器中性线和辅助二次绕组回路中，均不装设保护设备。因为正常运行时，在中性线和辅助二次绕组回路中，没有电压或只有很小的不平衡电压，即使发生短路故障，也只有很小的电流产生；同时此回路也难以实现对熔断器和自动开关的监视。

分支电压回路中的短路保护需根据分支电压回路性质进行配置。在引到继电保护和自动装置的分支电压回路上，为提高继电保护和自动装置工作的可靠性，减少电压回路断开的机率，不装设分支熔断器或自动开关；在测量仪表的分支电压回路上，可装设熔断器或自动开关作为保护和回路断开之用，一般布置在控制屏或电度表屏。分支回路的保护设备与主回路的保护设备在动作时限上应相互配合，以便保证在测量回路上发生短路故障时，首先断开分支回路。

对主回路和分支回路的熔断器和自动开关都应设有监视措施，当这些保护设备动作断开电压回路时，应发出预告信号。

五、反馈电压的防范措施

在电压互感器停用或检修时，既需要断开电压互感器一次侧隔离开关，同时又要切断电压互感器二次回路。否则，有可能二次侧向一次侧反送电，即反馈电压，在一次侧引起高电压，造成人身和设备事故。例如，双母线的电压互感器，一组电压互感器工作，另一电压互感器停用或检修，可能造成检修的电压互感器反充电；在检修的电压互感器二次回路加电压进行试验等工作，会产生反馈电压。因此，在电压互感器二次回路必须采取技术措施防止反馈电压的产生。

对于 V 相接地的电压互感器，除接地的 V 相外，其他各相引出端都由该电压互感器隔离开关 QS1 辅助动合触点控制，如图 2-6 所示。从图中可看出，当电压互感器停电检修时，断开一次侧隔离开关 QS1 的同时，二次回路也自动断开。中性线采用了 2 对辅助触点 QS1 并联，是为了避免隔离开关辅助触点接触不良，造成中性线断开（因为中性线上的触点接触不良难以发现）。

对于中性点接地的电压互感器，除接地的中性线外，其他各相引出端都串接了该电压互感器隔离开关 QS1 辅助动合触点，如图 2-7 所示。

六、电压小母线的设置

母线上的电压互感器是同一母线上的所有电气元件（发电机、变压器、线路等）的公用设备。为了减少联系电缆，设置了电压小母线，对于 V 相接地的电压互感器设为：630L1、600L2、630L3、630LN 和 630L0，如图 2-6 所示；对于中性点接地的电压互感器设为：630L1、630L2、630L3、600LN、630L0 和 630L3（试），如图 2-7 所示。图 2-6 和图 2-7 中只表示出了 I 组母线，回路标号为"630"，对于 II 组，回路标号为"640"。

电压互感器二次引出端最终引到电压小母线上，而这组母线上的各电气元件的测量仪表、远动装置、继电保护及自动装置等所需的二次电压均从小母线取得。根据具体情况，电压小母线可布置在配电装置内或布置在保护和控制屏顶部。

七、电压互感器二次回路的断线信号装置

110kV 及以上电压等级的电力系统配置有距离保护。当电压互感器二次短路保护设备断开或二次回路断线，与其相连的距离保护可能误动作。虽然距离保护装置本身的振荡闭锁回路可兼作电压回路断线闭锁之用，但是为了避免在电压回路断线的情况下，又发生外部故障造成距离保护无选择性动作，或者使其他继电保护和自动装置不正确动作，一般还需要装设电压回路断线信号装置，在保护设备断开或二次回路断线时，发出断线信号，以便运行人员及时发现并处理故障。

电压回路断线信号装置的类型很多，现场多采用按零序电压原理构成的电压回路断线信号装置，如图 2-8 所示。该信号装置由星形连接的三个相同电容器 C1、C2、C3，断线信号继电器 K，电容 C 和电阻 R0 组成。断线信号继电器 K 有两个线圈，其工作线圈 L1 接于电容中性点 N′ 和电压互感器二次回路中性点 N 的回路中，另一线圈 L2 接于电压互感器辅助二次绕组回路中。

正常运行时，由于 N′ 和 N 等电位，辅助二次绕组回路电压也等于零，所以断线信号继电器 K 不动作。

当电压互感器二次回路发生一相或二相断线时，由于 N′ 和 N 之间出现零序电压，而辅

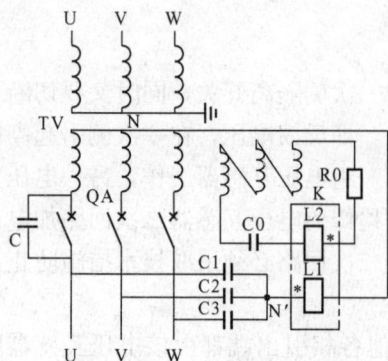

图 2-8　电压回路断线
信号装置电路图

助二次回路仍无电压，所以断线信号继电器 K 动作，发出断线信号。

当电压互感器二次回路发生三相断线时，在 N′和 N 之间无零序电压出现，断线信号继电器 K 将拒动，不发断线信号，这是不允许的。为此，在三相熔断器或三相自动开关的任一相上并联电容 C，如图 2-7 所示。当三相同时断开时，电容 C 仍串接在一相电路中，使 N′和 N 之间有零序电压，断线信号继电器 K 动作，发断线信号。

当一次系统发生接地故障时，在 N′和 N 之间出现零序电压，同时在辅助二次绕组回路中也出现零序电压 $3U_0$，此时断线信号继电器 K 的 2 个线圈 L1、L2 所产生的零序安匝数大小相等、方向相反，合成磁通等于零，K 不动作。

八、交流电网的绝缘监察

中性点不直接接地的电力系统，当发生单相接地短路故障时，由于短路电流很小，且三个线电压仍三相对称，不会影响到负载的正常工作，故允许系统持续运行一定时间，保护无需动作于断路器的跳闸，即不切断供电系统。但此时，保护必须发出预告信号，通知运行人员，及时查找故障点及故障原因，并迅速消除故障，以免发展成相间短路故障。所以，在中性点不直接接地的电力系统中，电压互感器二次回路中必须设置交流电网的绝缘监察装置。

如图 2-6 所示，绝缘监察装置由绝缘监察继电器（电压继电器）KV、信号继电器 KS 和光字牌 HL 等组成。交流电网正常运行时，电压互感器的辅助二次绕组的开口电压很小（不平衡电压），KV 不动作。当交流电网发生单相金属性接地故障时，辅助二次绕组的开口电压为 100V，使 KV 动作，其动合触点闭合，接通光字牌 HL 回路，显示"第Ⅰ组母线接地"字样，并发出预告信号，同时启动信号继电器 KS，KS 动作后掉牌落下，将 KV 动作记录下来，并点亮"掉牌未复归"光字牌。

上述绝缘监察装置只能发出接地故障的音响信号和灯光信号，但不能指出哪一相发生接地故障。为判别故障相，便于查找故障点，在变电所的中央信号屏上还装有三个接于相电压的绝缘监察电压表（图 2-6 中没有表示出来）。

对于中性点直接接地的电力系统，当发生单相接地短路故障时，保护动作使断路器跳闸，切除接地故障，故该系统的电压互感器二次回路不装设绝缘监察装置，而是通过切换开关 SM 和电压表 PV 选测三相线电压，如图 2-7 所示。

九、电压互感器二次电压切换电路

电压互感器二次电压的切换有两种情况：①双母线二次电压的切换；②互为备用的电压互感器二次电压的切换。

1. 双母线二次电压的切换

对于双母线上所连接的各电气元件，其测量仪表、远动装置、继电保护及自动装置等所需的二次电压是由两组母线的电压互感器供给。其二次电压应随一次回路进行切换，即电气元件的一次系统连接在哪组母线上，其二次电压也应由该母线上的电压互感器供给。否则，可能出现二次回路与一次回路不对应的情况。所以电压互感器应具有二次电压切换回路。其切换有两种方式。

(1) 利用隔离开关辅助触点和中间继电器实现。这种切换方式的电路如图 2 - 9 所示,图中只画出了一个电气元件(一条引出馈线)。2 组电压互感器为 TV1、TV2,2 组电压小母线(回路标号分别为"630"、"640"),中间继电器 K1、K2。这

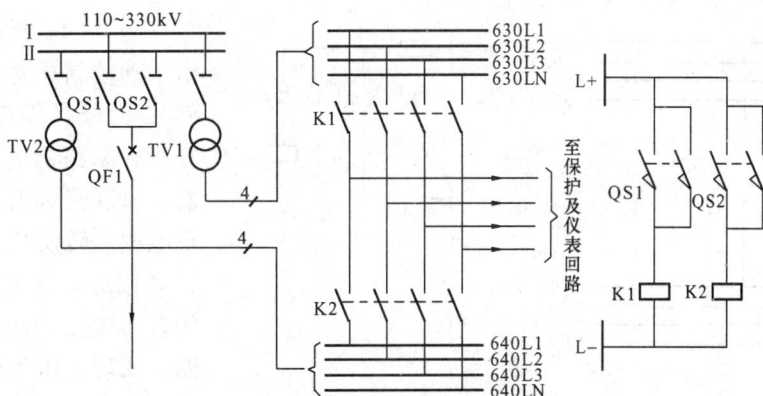

图 2 - 9　利用继电器进行切换的电压电路

种切换方式是利用隔离开关的辅助触点控制中间继电器,由中间继电器的动合辅助触点进行切换。若馈线原运行在 I 母线上,QS1 闭合、QS2 断开,K1 的动合辅助触点闭合、K2 辅助触点断开,保护及仪表等回路的二次电压由母线 I 的电压互感器 TV1 供给。当需要将馈线从 I 母线切换到 II 母线运行时,QS2 闭合、QS1 断开,K2 动作、K1 返回,馈线的保护及仪表等二次回路由 I 母线的 TV1 供电自动切换为 II 母线的 TV2 供电。

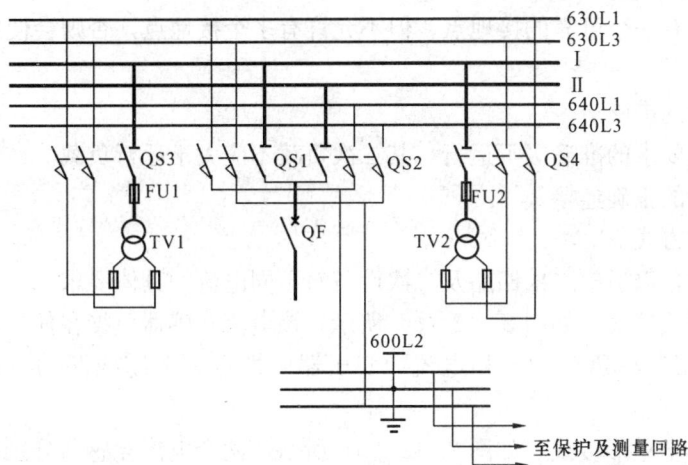

图 2 - 10　利用隔离开关辅助触点进行切换的电压电路

(2) 利用隔离开关辅助触点实现直接切换。这种切换方式的电路如图 2 - 10 所示。电压互感器二次电压经自身隔离开关 QS3、QS4 的辅助触点引至对应的电压小母线上,保护及仪表等回路的二次电压由电压小母线分别经隔离开关 QS1、QS2 的动合辅助触点引出。当进行馈线倒母线操作时,二次电压回路随之一起进行切换。这种切换电路一般只用在 35kV 及以下的屋内配电装置。

2. 互为备用的电压互感器二次电压的切换

双母线或单母线分段中每组(段)母线用的电压互感器应互为备用,以便其中一组(段)母线上的电压互感器停用时,保证其二次电压小母线上的电压不间断。所以电压互感器应具有互为备用的二次电压切换回路,其切换操作必须在母联断路器或分段断路器处于合闸状态时才能进行。

互为备用的电压互感器二次电压的切换有手动控制和自动控制两种。手动控制是利用控

制开关和中间继电器实现的；自动控制是由母联（或分段）断路器和隔离开关的辅助触点实现的。在切换后应能发出预告信号。

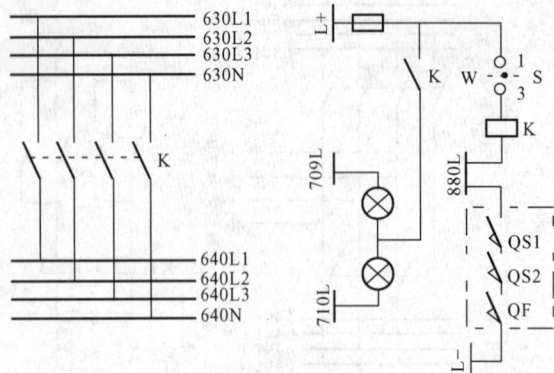

图 2-11　电压互感器互为备用的切换电路

图 2-11 所示电路为手动控制方式，由手动控制开关 S 和中间继电器 K 实现。880L 为母联隔离开关操作闭锁小母线，在母联断路器为合闸状态（即母联断路器、母联隔离开关闭合）时，880L 接通负电源。转换开关 S 为"W"位置，触点 1-3 接通，继电器 K 启动，其动合触点闭合，接通两组电压互感器二次电压回路，实现电压互感器的互为备用。与此同时，点亮对应光字牌，显示"电压互感器切换"字样。

第二节　电流互感器二次回路

一、对电流互感器二次回路的基本要求

（1）电流互感器的接线方式，应能满足测量仪表、远动装置、继电保护和自动装置检测回路的具体要求。

（2）电流互感器二次回路应有一个可靠的接地点，但不允许有多个接地点，否则会使继电保护拒动或仪表测量不准确。

（3）应有防止二次回路开路的措施。

（4）为保证电流互感器能在要求的准确级下运行，其二次负载不应大于运行负载。

（5）应保证电流互感器极性的正确连接。

二、电流互感器的常用接线方式

电流互感器有多种接线方式，以适应二次回路及二次设备对不同电流的具体要求。

（1）一个电流互感器的单相式接线。如图 2-12（a）所示，该电流互感器可接在任一相上，这种接线主要用于测量三相对称负载的一相电流、变压器中性点和电缆线路的零序电流。

（2）两个电流互感器的不完全星形接线。如图 2-12（b）所示，两个电流互感器分别接在 U 相和 W 相。这种接线方式广泛应用于中性点不直接接地系统中的测量和保护回路，可以测量三相电流、有功功率、无功功率、电能等，能反应相间故障电流，不能完全反应接地故障。

（3）三个电流互感器的完全星形接线。如图 2-12（c）所示，三个电流互感器分别接在 U、V、W 相上，二次绕组按星形连接。这种接线可以测量三相电流、有功功率、无功功率、电能等。在保护回路中，常用于 110~500kV 中性点直接接地系统，能反应相间及接地故障电流；在中性点不直接接地的系统中，常用于容量较大的发电机和变压器的保护回路。

（4）三个电流互感器的三角形接线。如图 2-21（d）所示，三个电流互感器分别接在 U、V、W 相上，二次绕组按三角形连接。这种接线很少应用于测量回路，主要应用于保护

回路。

(5) 两个电流互感器的差式接线。如图 2－12 (e) 所示，两个电流互感器分别接在 U、W 相上，二次绕组按差式接线，即流入负载的电流为两相电流之差。这种接线也很少应用于测量回路，主要应用在中性点不直接接地系统的保护回路。

(6) 两个电流互感器的和式接线。如图 2－12 (f) 所示，两个电流互感器分别接在 U、V、W 相上，二次绕组按和式接线，即流入负载的电流为两电流之和。这种接线主要用于一台半断路器接线、角形接线、桥形接线的测量和保护回路。

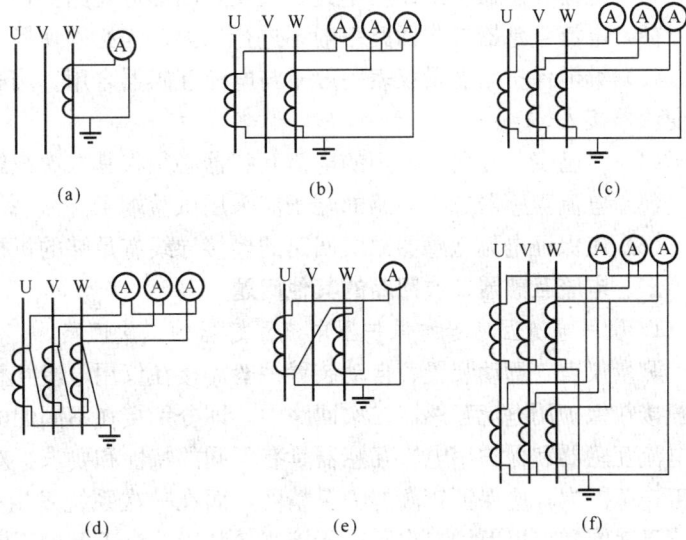

图 2－12 电流互感器常用接线方式

(a) 一个电流互感器的单相式接线；(b) 两个电流互感器的不完全星形接线；
(c) 三个电流互感器的完全星形接线；(d) 三个电流互感器的三角形接线；
(e) 两个电流互感器的差式接线；(f) 两个电流互感器的和式接线

三、电流互感器二次回路的接地保护

为防止电流互感器一、二次绕组间的绝缘损坏，高电压侵入二次回路，危及人身安全和二次设备安全，在电流互感器二次侧必须有一个可靠的接地点。一般在配电装置处经端子接地，如果有几组电流互感器与保护装置相连时，一般在保护屏上经端子接地。

四、电流互感器二次回路开路的防范措施

电流互感器实际上是一种变流器，二次电流主要取决于一次电流，相当是一个电流源。在正常运行时，由于电流互感器二次负载的阻抗很小，所以电流互感器接近短路状态，一、二次绕组建立的磁动势处于平衡状态（一次电流所产生的磁动势大部分被二次电流所产生的磁动势所抵消），铁芯中的总磁通量比较小，故二次绕组端电压很小。一旦二次回路开路，二次电流等于零，二次电流的去磁作用立即消失，一次电流完全变成了励磁电流，此电流增大数十倍，使磁路中的磁通量突然增大，这将在二次绕组中感应出很高的电动势，使二次绕组两端出现数百伏至数千伏的高电压，危及人身安全和设备安全。所以，运行中的电流互感器不允许二次回路开路。

目前，有些生产现场采用开路保护器作为电流互感器的开路保护，即在电流互感器的二次绕组引出端并接开路保护器。正常运行时，开路保护器处于断开状态；二次回路开路时，利用二次绕组瞬间电压升高，开路保护器迅速将电流互感器二次绕组短路。

由于开路保护器是利用瞬间电压超过动作电压启动，另一方面对开路保护器完好性的监视较为困难，所以，生产现场很少采用开路保护器作为电流互感器开路保护，通常是在设计、安装、运行、检修维护中采取一些措施来防范电流互感器二次回路开路。通常有以下几种防范措施：

（1）电流互感器二次回路不允许装设熔断器等短路保护设备。

（2）电流互感器二次回路一般不进行切换。当必须切换时，应有可靠的防止开路措施。

（3）继电保护与测量仪表一般不与电流互感器合用。当必须合用时，测量仪表要经过中间变流器接入。

（4）对已安装好而不使用的电流互感器必须将其二次绕组的端子短接并接地。

（5）电流互感器二次回路的端子应采用试验端子。

（6）应保证电流互感器二次回路的连接导线有足够的机械强度。

五、电流互感器二次回路的其他问题

1. 仪用电流互感器和保护用电流互感器的二次回路

测量仪表、远动装置、自动装置一般需接在仪用电流互感器二次回路中，继电保护设备一般接在保护用电流互感器二次回路中，即分别接在不同的电流互感器二次回路中。因为仪用电流互感器和保护用电流互感器具有不同的特性和要求。对于仪用电流互感器，要求在正常工作范围内，应保证较高的测量精度，而在一次系统发生短路故障，有短路电流通过时，应能迅速饱和，以保护二次回路所接测量装置。对于保护用电流互感器，不要求在正常运行条件下，有较高的测量精度，准确级相当于3～10级，而在所能反映的短路电流出现时，电流互感器不能饱和，应能正确反应一次电流的大小，要求误差不得超过10%。

同一一次回路的各种测量仪表的电流回路应串联在一起，串联的顺序应考虑使电流回路的电缆最短。一般的顺序是电流表、功率表、电度表、记录型仪表和变送器等。

在工程实际中，若受条件限制或为降低工程造价，测量仪表和继电保护必须共用一组电流互感器方式时，需采取相应措施保证测量仪表和继电保护的不同要求。

（1）测量仪表和继电保护应接在同一组电流互感器的不同二次绕组。测量仪表接在仪用二次绕组，继电保护接在保护用二次绕组。

（2）若受条件限制需将继电保护装置接在电流互感器仪用二次绕组时，需要满足以下条件：

1）电流互感器的二次负担不应超过允许值。

2）通过试验确认在可能出现的最大短路电流时，仪用电流互感器铁芯不会饱和。

（3）若受条件限制须将测量仪表接在电流互感器保护用二次绕组时，需实测保护用电流互感器在额定电流时，实际所接负载条件下的实际误差，是否能满足测量仪表的要求，同时需经过中间电流互感器将测量仪表接入，对测量仪表实施保护。

（4）测量仪表和继电保护共用电流互感器同一个二次绕组时，应按以下原则配置：

1）保护装置接在测量仪表之前，避免校验仪表时影响保护装置工作。

2）当电流回路开路能引起继电保护装置不正确动作，在没有有效地闭锁和监视时，仪表应经过中间电流互感器接入。

2. 电流互感器的二次负载

电流互感器的二次负载指的是二次绕组所承担的容量，即负载功率，可表示为

$$S_2 = U_2 I_2 = I_2^2 Z_2$$

式中　S_2——电流互感器二次负载功率，VA；

　　　U_2——电流互感器二次工作电压，V；

　　　I_2——电流互感器二次工作电流，A；

Z_2——电流互感器二次负载，Ω。

由于电流互感器二次工作电流 I_2 只随一次电流变化，而不随二次负载变化，所以电流互感器的容量 S_2 取决于 Z_2 的大小，通常把 Z_2 作为电流互感器的二次负载。Z_2 是二次绕组负担的总阻抗，它包括了测量仪表、继电保护或远动装置及自动装置的电流线圈的阻抗、连接导线的阻抗和接触电阻三部分。为保证电流互感器能够在要求的准确级下运行，实际二次负载不得超过其允许值，否则电流互感器的准确级下降，将满足不了测量精度的要求。通过校验，若不能满足要求，可根据具体情况采用下列措施。

(1) 增加连接导线的截面积。

(2) 将同一电流互感器的两个二次绕组串联起来使用。

(3) 将电流互感器的不完全星形接线改为完全星形接线；差式接线改为不完全星形接线。

(4) 选用二次允许负载较大的电流互感器。

(5) 采用二次额定电流小的电流互感器或消耗功率小的继电器等。

第三章 变配电所的控制系统

如前言所述，变配电所的控制从常规的强电、弱电发展到计算机控制，控制技术发生了巨大的变化。本章首先介绍常规的变配电所控制系统电路及工作原理，在此基础上又介绍了变配电综合自动化中的断路器控制电路的典型接线。变配电的计算机控制将在第六章介绍。

第一节 概 述

一、变电所的控制方式

变电所的控制方式根据电网运行要求分为有人值班和无人值班两种方式。

1. 有人值班变电所

有人值班的变电所又分为集中控制和分散控制两种方式。

集中控制方式是在变电所设有主控制室，控制屏集中布置在主控制室的主环之内。值班人员通过控制屏上的控制开关或切换开关对变电所内的各种电力设备进行控制。

分散控制方式是在设有主控制室的情况下，又在各高压配电装置处设若干分控制室。在分控制室内设有控制屏。该配电装置内的继电保护装置和部分控制设备可在分控制室布置。主控制室和分控制室之间可实现遥控、遥信、遥测。

330kV 及以下变电所一般采用集中控制方式；500kV 变电所既可采用集中控制方式，又可采用分散控制方式。

2. 无人值班变电所

无人值班的变电所是由电力系统控制中心（调度中心）进行的远方控制。变电所只设保护屏和继电器屏，不需要设专用的控制屏。控制室的面积可大大减小。此时，变电所由控制中心发出控制命令，通过设在变电所的远方终端装置，作用于各个被控设备，实现遥控。与此同时，还必须实现遥信、遥测和遥调。实现四遥之后，变电所的就地信号和测量应尽可能简化，即可不设专用信号屏和指示仪表。继电保护和自动装置动作信号设在保护屏上，所用电系统、直流系统的不正常运行信号也设在相应屏上，其他不正常的信号可直接接至 RTU 的信号转接屏上。就地仪表如要设置，只设在变送器屏上。

二、控制系统的基本要求

整个变电所的控制系统应满足以下要求。

1. 可靠性

控制系统的可靠性是指当发出控制指令时，控制系统及被控设备应可靠动作；当没有控制指令时，控制系统及被控对象不应误动作。为了满足可靠性要求，要求控制系统的控制方式可靠，控制电路及其接线可靠，控制设备可靠。

2. 灵活性

控制系统的灵活性是指在各种可能的运行方式下都能实现控制，并能灵活地进行转换和闭锁，既能实现运行人员的手动控制，又能实现继电保护和自动装置的自动控制，还可实现计算机的监控。而且各种控制既需方便地相互切换，又需相互闭锁。例如计算机故障时，能由运行人员用控制开关控制，手动操作断开断路器时闭锁自动重合闸等。

此外，对断路器、隔离开关、变压器分接头等开关设备的控制，既可在主控制室利用控制开关或按钮实现远方控制，又可在设备处（就地）设置控制开关和按钮，实现就地控制，为紧急操作和调试提供方便。

3. 经济性

控制系统在满足可靠性、灵活性的要求下，应尽量节省投资，即在控制方式的确定和设备选择时要作技术、经济比较。

三、断路器的控制方式

断路器的控制是变电所控制系统的核心部分。对各电力设备，如主变压器、线路、电容器、电抗器等的控制，主要就是对这些设备所在回路的断路器进行控制。

（一）断路器的控制方式

断路器的控制方式与变电所的控制方式和变电所规模有关。

对断路器的控制可分为一对一控制和一对 N 的选线控制。一对一控制是利用一个控制开关控制一台断路器，一般适用于重要且操作机会少的设备，如发电机、调相机、变压器等。一对 N 的选线控制是利用一个控制开关通过选择，控制多台断路器，一般适用于馈线较多，接线和要求基本相同的高压和厂用馈线。按其操作电源的不同，断路器的控制又可分为强电控制和弱电控制。强电控制电压一般为 110V 或 220V，弱电控制电压为 48V 及以下。

对于强电控制，按其控制地点又可分为远方控制和就地控制。就地控制是控制设备安装在断路器附近，运行人员就地进行手动操作。这种控制方式一般适用于不重要的设备，如 10kV 或 35kV 馈线、所用电等。远方控制是在离断路器几十米至几百米的主控制室的主控制屏（台）上，装设能发出跳、合闸命令的控制开关或按钮，对断路器进行操作。

对于二次设备集中布置的 220kV 变电所，断路器一般采用强电一对一控制。

500kV 变电所二次设备集中控制时，断路器多采用弱电一对一控制，规模较小的 500kV 变电所也可采用强电一对一控制。在 500kV 变电所二次设备分散时，在主控制室多采用弱电一对一控制；也可采用所内遥控方式，在主控制室通过变电所的计算机监控系统对各断路器实行监控；还可采用在各配电装置的分控制室内，对断路器进行强电一对一控制。

（二）断路器的操动机构

断路器的操动机构不同，其控制电路也不同。断路器的操动机构是断路器本身附带的合、跳闸传动装置，它用来使断路器合闸或维持闭合状态，或使断路器跳闸。在操动机构中均设有合闸机构、维持机构和跳闸机构。由于动力来源不同，操动机构可分为电磁操动机构（CD）、弹簧操动机构（CT）、液压操动机构（CY）、电动机操动机构（CJ）、气动操动机构（CQ）等。其中应用较广的是弹簧操动机构、液压操动机构和气动操动结构。不同型式的断路器，根据传动方式和机械荷载的不同，可配有不同型式的操动机构。

（1）电磁操动机构是靠电磁力进行合闸的机构。这种机构结构简单，加工方便，运行可靠，是我国断路器应用较普通的一种操动机构。由于是利用电磁力直接合闸，合闸电流很大，可达几十安至数百安，所以合闸回路不能直接利用控制开关触点接通，必须采用中间接触器（即合闸接触器）。

国产直流电磁操动结构有 CD1～5、CD6－G、CD8、CD11、CD15 等型号。电磁操动机构的电压一般为 110V 或 220V，它由两个线圈组成。两线圈串联，适用于 220V；两线圈并联，则适用于 110V。目前，这种操动机构由于合闸冲击电流很大而很少采用。

（2）弹簧操动机构是靠预先储存在弹簧内的位能来进行合闸的机构。这种机构不需配备附加设备，弹簧储能时耗用功率小（用 1.5kW 的电动机储能），因而合闸电流小，合闸回路可直接用控制开关触点接通。目前国产的 CT7、CT8 等型弹簧操动机构可供 SN10 系列的少油断路器使用；CT6 型弹簧操动机构供 SW4 系列的少油断路器使用。

（3）液压操动机构是靠压缩气体（氮气）作为能源，以液压油作为传递媒介来进行合闸的机构。此种机构所用的高压油预先储存在储油箱内，用功率较小（1.5kW）的电动机带动油泵运转，将油压打入储压筒内，使预压缩的氮气进一步压缩，从而不仅合闸电流小，合闸回路可直接用控制开关触点接通，而且压力高、传动快、动作准确、处理出力均匀。目前我国 110kV 及以上的少油断路器及 SF_6 断路器广泛采用这种机构。

（4）气动操动机构是以压缩空气储能和传递能量的机构。此种机构功率大、速度快，但结构复杂，需配备空气压缩设备，所以，只应用于空气断路器上。气动操动机构的合闸电流也较小，合闸回路中也可直接用控制开关触点接通。

第二节　断路器的控制电路

一、断路器控制电路的基本要求

断路器控制电路应满足下列要求：

（1）断路器操动机构中的合、跳闸线圈是按短时通电设计的，故在合、跳闸完成后应自动解除命令脉冲，切断合、跳闸回路，以防合、跳闸线圈长时间通电。

（2）合、跳闸电流脉冲一般应直接作用于断路器的合、跳闸线圈，但对电磁操动机构，合闸线圈电流很大（35~250A 左右），须通过合闸接触器接通合闸线圈。

（3）无论断路器是否带有机械闭锁，都应具有防止多次合、跳闸的电气防跳措施。

（4）断路器既可利用控制开关进行手动跳闸与合闸，又可由继电保护和自动装置自动跳闸与合闸。

（5）应能监视控制电源及合、跳回路的完好性，应对二次回路短路或负荷进行保护。

（6）应有反映断路器状态的位置信号和自动合、跳闸的不同显示信号。

（7）对于采用气压、液压和弹簧操动机构的断路器，应有压力是否正常、弹簧是否拉紧到位的监视回路和闭锁回路。

（8）对于分相操作的断路器，应有监视三相位置是否一致的措施。

（9）接线应简单可靠，使用电缆芯数应尽量少。

二、控制开关

控制开关是控制回路中的控制元件，由运行人员直接操作，发出合、跳闸命令脉冲，使断路器合、跳闸。变配电所常规二次系统常采用 LW2 型系列自动复位控制开关。

（一）LW2 型控制开关的结构

LW2 型控制开关的结构如图 3-1 所示。LW2 型控制开关正面为一个操作手柄和面板，安装在控制屏前。与手柄固定连接的转轴上有数节触点盒，安装在控制屏后。每个触点盒内有 4 个静触点和 1 个动触点。静触点分布在盒的四角，盒外有供接线用的四个接线端子。触点盒根据动触点的凸轮和簧片形状以及在转轴上安装的初始位置可分成14种型式，其代号为1、1a、2、4、5、6、6a、7、8、10、20、30、40、50。其中LW2-Z和LW2-YZ型开关中各型触点盒的触点随手柄转动的位置如表3-1所示。表中动触点的形式有两种：一种是触点在轴上，随轴一起转动；另一种是触点片与轴有一定的自由行程，这种型式的触点当手柄转动角度在其自由行程以内时，可保持在原来的位置上不动。

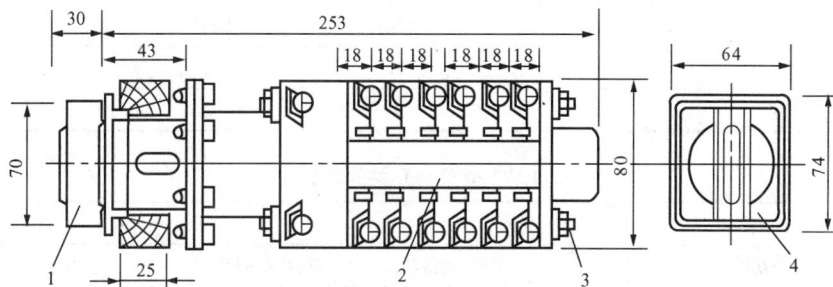

图3-1 LW2型控制开关结构图
1—操作手柄；2—触点盒；3—接线端子；4—面板

表3-1中1、1a、2、4、5、6、6a、7、8型触点是随轴转动的动触点；10、40、50型触点在轴上有45°的自由行程；20型触点在轴上有90°的自由行程；30型触点在轴上有135°的自由行程。具有自由行程的触点切断能力较小，只适合信号回路。

表3-1 LW2-Z型和LW2-YZ型开关中各型触点盒的触点随手柄转动的位置表

自开关前视触点号顺序为

LW2型系列控制开关档数一般为5档，最多不应超过6档。超过6档的，其触点可能接触不可靠。当控制开关触点不够用时，可以借用中间断电器来增加触点。

LW2型系列控制开关的额定电压为250V，当电流不超过0.1A时，允许使用380V，其触点切断能力如表3-2所示。

（二）LW2 型控制开关的型式

根据控制开关手柄有无内附指示灯、有无定位和有无自动复位机构，LW2 型控制开关可具有表 3-3 所示的几种型式。

表 3-2　　　　LW2 系列控制开关触点的切断容量　　　　（A）

电流性质 负荷性质	交　流		直　流	
	220V	127V	220V	110V
电　阻　性	40	45	4	10
电　感　性	15	23	2	7

表 3-3　　　　LW2 型控制开关的型式

型　号	特　　点	用　　途	备　注
LW2-Z	带自动复位及定位	用于断路器及接触器的控制回路中	常用于灯光监视回路
LW2-YZ	带自动复位及定位，有信号灯	用于断路器及接触器的控制回路中	常用于音响监视回路
LW2-W	带自动复位	用于断路器及接触器的控制回路中	—
LW2-Y	带定位及信号灯	用于直流系统中监视熔断器	—
LW2-H	带定位及可取出手柄	用于同步回路中相互闭锁	—
LW2	带定位	用于一般的切换电路中	—

（三）控制开关的触点图表

触点图表是用于表明控制开关的操作手柄在不同位置时触点盒内各触点通断情况的图表。

表 3-4 是 LW2-Z-1a、4、6a、40、20、20/F8 型控制开关的触点图表。其中，F8 表示面板与手柄的型式（F：方型面板，O：圆形面板，数字表示手柄型式）。

表 3-4　　LW2-Z-1a、4、6a、40、20、20/F8 型控制开关触点图表

在"跳闸后"位置的手柄（正面）的样式和触点盒（背面）的接线图																
手柄和触点盒型式	F8	1a		4		6a			40			20			20		
位置＼触点号	—	1-3	2-4	5-8	6-7	9-10	9-12	11-10	14-13	14-15	16-13	19-17	17-18	18-20	21-23	21-22	22-24
跳闸后														•		•	•
预备合闸			•									•					
合　闸		•			•												
合闸后		•			•												
预备跳闸																	•
跳　闸															•		•

由表 3-4 可知，此种控制开关有两个固定位置（垂直和水平）和两个操作位置（由垂直位置再顺时针转 45°和由水平位置再逆时针转 45°）。由于具有自由行程，所以开关的触点位置共有 6 种状态，即"预备合闸"、"合闸"、"合闸后"、"预备跳闸"、"跳闸"、"跳闸后"。

当断路器为断开状态，操作手柄置于"跳闸后"的水平位置，需进行合闸操作时，首先将手柄顺时针旋转 90°至"预备合闸"位置，再旋转 45°至"合闸"位置，此时触点 5-8 接通，发合闸脉冲。断路器合闸后，松开手柄，操作手柄在复位弹簧作用下，自动返回至垂直位置"合闸后"。进行跳闸操作时，是将操作手柄从"合闸后"的垂直位置逆时针旋转 90°至"预备跳闸"位置，再继续旋转 45°至"跳闸"位置，此时触点 6-7 接通，发跳闸命令脉冲。断路器跳闸后，松开手柄使其自动复归至水平位置"跳闸后"。合、跳闸分两步进行，其目的是防止误操作。

LW2-YZ-1a、4、6a、40、20、20/F1 型控制开关与 LW2-Z 型控制开关在操作程序上完全相同，但 LW2-YZ 型手柄上带有指示灯，其触点图表如表 3-5 所示。

表 3-5　　　　　　　LW2-YZ-1a、4、6a、40、20、20/F1 型控制开关触点图表

在"跳闸"后位置的手柄（正面）的样式和触点盒（背面）接线图																			
手柄和触点盒型式	F1	灯		1a		4		6a			40			20			20		
位置 ＼ 触点号	—	1-3	2-4	5-7	6-8	9-12	10-11	13-14	13-16	15-14	18-17	18-19	20-17	23-21	21-22	22-24	25-27	25-26	26-28
跳闸后	▭	•	—	—	•	—	—	—	—	—	—	—	—	—	—	•	—	•	—
预备合闸	▯	—	•	•	—	—	—	•	—	—	•	—	—	•	—	—	—	•	—
合闸	◢	—	•	•	—	—	—	—	•	—	—	•	—	—	•	—	—	•	—
合闸后	▯	—	•	—	•	—	•	—	•	—	—	•	—	—	•	—	—	—	•
预备跳闸	▭	•	—	—	•	•	—	—	—	•	•	—	—	—	—	•	•	—	—
跳闸	◢	•	—	—	•	•	—	—	—	•	—	—	•	—	—	•	•	—	—

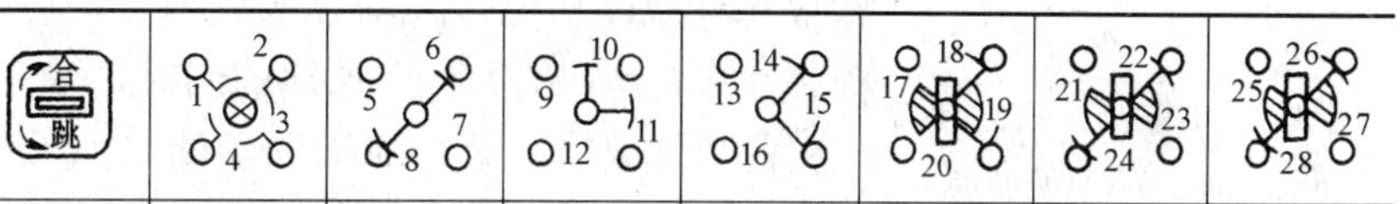

控制开关的图形符号如图 3-2 所示。图中 6 条垂直虚线表示控制开关手柄的 6 个不同的操作位置，即 PC（预备合闸）、C（合闸）、CD（合闸后）、PT（预备跳闸）、T（跳闸）、TD（跳闸后），水平线即端子引线，水平线下方位于垂直虚线上的粗黑点表示该对触点在此操作位置是闭合的。

三、基本的断路器控制电路

（一）强电一对一控制

1. 灯光监视的断路器控制电路

电磁操动机构的断路器控制信号电路如图 3-3 所示。图 3-3 中，L+、L- 为控制小母线和合闸小母线；100L（+）为闪光小母线；708L 为事故音响小母线；700L- 为信号小母线（负电源）；SA 为 LW2-Z-1a、4、6a、4a、20、20/F8 型控制开关，HG、HR 为绿、红色信号灯；FU1~FU4 为熔断器；R 为附加电阻；KCF 为防跳继电器；KM 为合闸接触器；YC、YT 为合、跳闸线圈。控制信号电路动作过程如下：

（1）断路器的手动控制。手动合闸前，断路器处于跳闸位置，控制开关置于"跳闸后"位置。由正电源 L＋经 SA 的触点 11－10、绿灯 HG、附加电阻 R1、断路器辅助动断触点 QF、合闸接触器 KM 至负电源 L－，形成通路，绿灯发平光。此时，合闸接触器 KM 线圈两端虽有一定的电压，但由于绿灯及附加电阻的分压作用，不足以使合闸接触器动作。在此，绿灯不但是断路器的位置信号，同时对合闸回路起了监视作用。如果回路故障，绿灯 HG 将熄灭。

在合闸回路完好的情况下，将控制开关 SA 置于"预备合闸"位置，绿灯 HG 经 SA 的触点 9－10 接至闪光小母线 100L（＋）上，HG 闪光。此时可提醒运行人员核对操作对象是否有误。核对无误后，将 SA 置于"合闸"位置，其触点 5－8 接通，合闸接触器 KM 线圈通电，其动合触点闭合，使合闸线圈 YC 带电，断路器合闸。SA 触点 5－8 接通的同时，绿灯熄灭。

合闸完成后，断路器辅助动断触点 QF 断开合闸回路，控制开关 SA 自动复归至"合闸后"位置，由正电源 L＋经 SA 的触点 16－13、红灯 HR、附加电阻 R2、断路器辅助动合触点 QF、跳闸线圈 YT 至负电源 L－，形成通路，红灯立即发平光。同理，红灯发平光表明跳闸回路完好，而且由于红灯及附加电阻的分压作用，跳闸线圈不足以动作。

手动跳闸操作时，先将控制开关 SA 置于"预备跳闸"位置，红灯 HR 经 SA 的触点 13－14 接至闪光小母线 100L（＋）上，HR 闪光，表明操作对象无误，再将 SA 置于"跳闸"位置，SA 的触点 6－7 接通，跳闸线圈 YT 通电，断路器跳闸。跳闸后，断路器辅助动合触点切断跳闸回路，红灯熄灭，控制开关 SA 自动复归至"跳闸后"位置，绿灯发平光。

（2）断路器的自动控制。当自动装置动作，触点 K1 闭合后，SA 的触点 5－8 被短接，合闸接触器 KM 动作，断路器合闸。此时，控制开关 SA 仍为"跳闸后"位置。由闪光电源 100L（＋）经 SA 的触点 14－15、红灯 HR、附加电阻 R2、断路器辅助动合触点 QF、跳闸线圈 YT 至负电源 L－，形成通路，红灯闪光。所以，当控制开关手柄置于"跳闸后"的水平位置，若红灯闪光，则表明断路器已自动合闸。

当一次系统发生故障，继电保护动作，保护出口继电器触点 K2 闭合后，SA 的触点 6－7 被短接，跳闸线圈 YT 通电，使断路器跳闸。此时，控制开关为"合闸后"位置。由 100L（＋）经 SA 的触点 9－10、绿灯 HG、附加电阻 R1、断路器辅助动断触点 QF、合闸接触器线圈 KM 至负电源 L－，形成通路，绿灯闪光。与此同时，SA 的触点 1－3、19－17 闭合，接通事故跳闸音响信号回路，发事故音响信号。所以，当控制开关置于"合闸后"的垂直位置，若绿灯闪光，并伴有事故音响信号，则表明断路器已自动跳闸。

（3）断路器的"防跳"。当断路器合闸后，在控制开关 SA 的触点 5－8 或自动装置触点 K1 被卡死的情况下，如遇到一次系统永久性故障，继电保护动作使断路器跳闸，则会出现多次"跳闸—合闸"现象，我们称这种现象为"跳跃"。如果断路器发生多次跳跃现象，会使其损坏，造成事故扩大。所以在控制回路中增设了由防跳继电器构成的电气防跳回路。

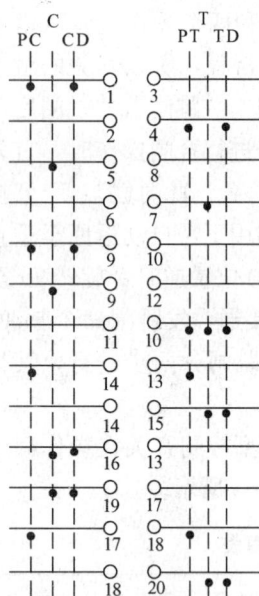

图 3-2　LW2-Z-1a、4、6a、40、20/F8 型触点通断的图形符号

防跳继电器 KCF 有两个线圈，一个是电流启动线圈，串联于跳闸回路中，另一个是电压自保持线圈，经自身的常开触点并联于合闸回路中，其动断触点则串入合闸回路中。当利用控制开关 SA 触点 5－8 或自动装置触点 K1 进行合闸时，如合在短路故障上，继电保护动作，触点 K2 闭合，使断路器跳闸。跳闸电流流过防跳继电器 KCF 的电流线圈使其启动，并保持到跳闸过程结束。其间动合触点 KCF 闭合，如果此时合闸脉冲未解除，即 SA 触点 5－8 或触点 K1 被卡死，则防跳继电器 KCF 的电压线圈得以

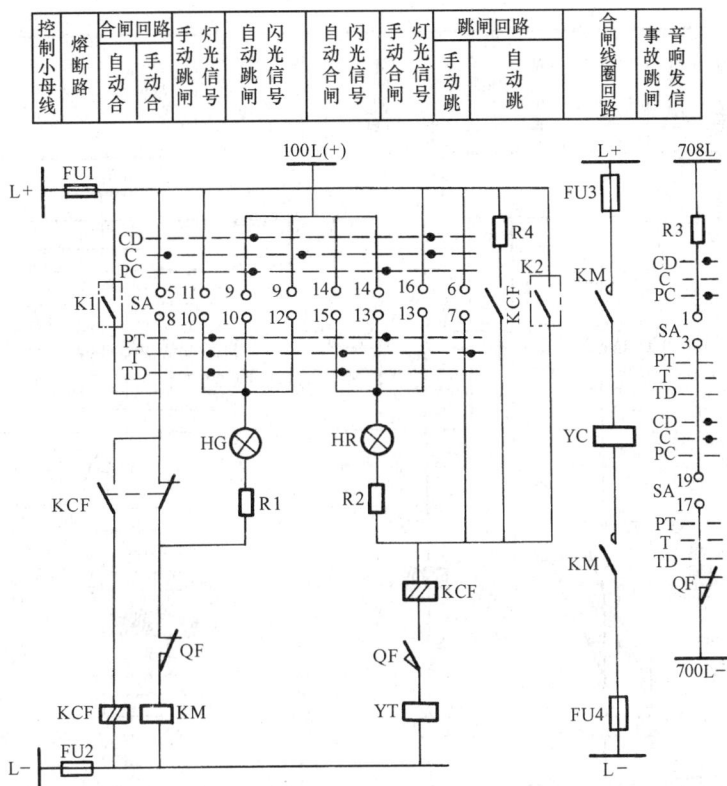

图 3-3　电磁操动机构的断路器控制信号电路

自保持。动断触点 KCF 断开，切断合闸回路，使断路器不能再合闸。只有在合闸脉冲解除，防跳继电器 KCF 的电压线圈失电后，整个电路才能恢复正常。

此外，防跳继电器 KCF 的动合触点经电阻 R4 与保护出口继电器触点 K2 并联，其作用如下：断路器由继电保护动作跳闸后，其触点 K2 可能较辅助动合触点 QF 先断开，从而烧毁触点 K2。动合触点 KCF 与之并联，在保护跳闸的同时防跳继电器 KCF 动作并通过动合触点自保持。这样，即使保护出口继电器触点 K2 在辅助动合触点 QF 断开之前就复归，也不会由触点 K2 来切断跳闸回路电流，从而保护了 K2 触点。R4 是一个阻值只有 1～4Ω 的电阻，对跳闸回路无多大影响。当继电保护装置出口回路串有信号继电器线圈时，电阻 R4 的阻值应大于信号继电器的内阻，以保证信号继电器可靠动作。当继电保护装置出口回路无串接信号继电器时，此电阻可以取消。

2. 音响监视的断路器控制信号电路

图 3-4 为音响监视的断路器控制信号电路。图中，709L、710L 为预告信号小母线；7131L 为控制回路断线预告小母线；SA 为 LW2－YZ－1a、4、6a、40、20、20/F1 型控制开关；KCT、KCC 为跳闸位置继电器和合闸位置继电器；KS 为信号继电器；HL 为光字牌。电路工作原理如下：

(1) 断路器的手动控制。断路器手动合闸前，跳闸位置继电器 KCT 线圈带电，其动合触点闭合，由 700L＋经 SA 触点 15－14、KCT 触点、SA 触点 1－3 及 SA 内附信号灯、附

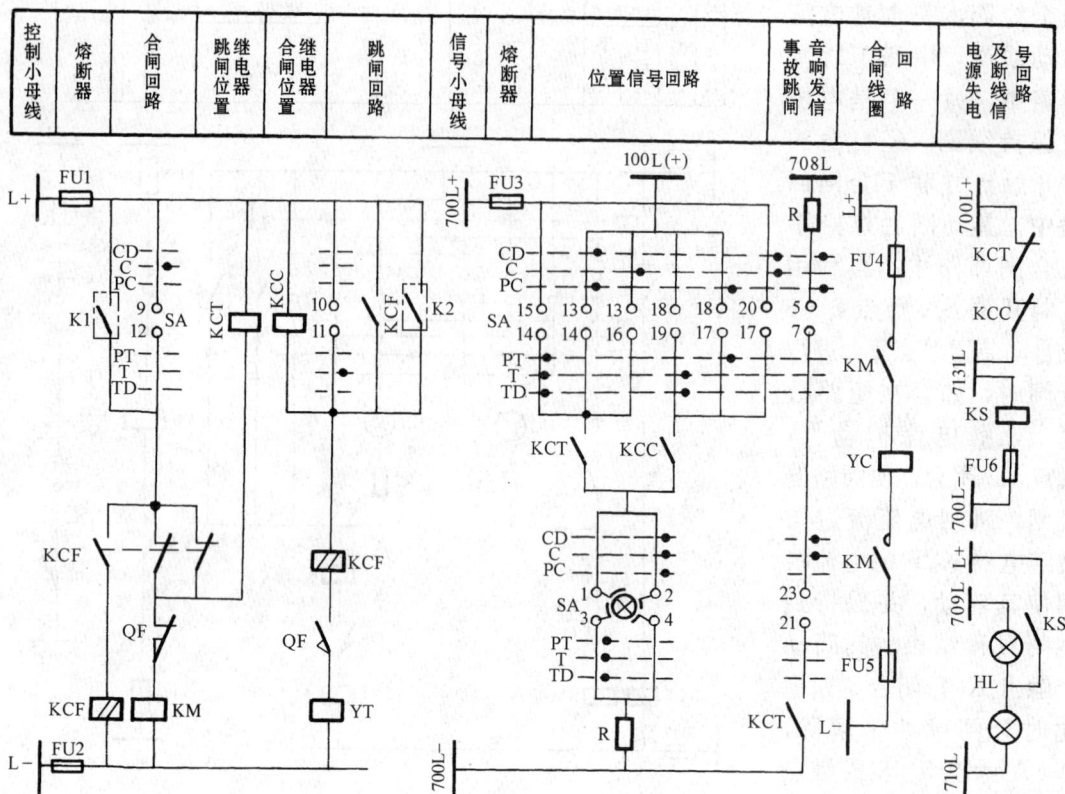

图 3-4 音响监视的断路器控制信号电路

加电阻 R 至 700L-，形成通路，信号灯发平光。

手动合闸操作时，将控制开关 SA 置于"预备合闸"位置，信号灯经 SA 的触点 13-14、2-4，KCT 的触点接至闪光小母线 100L（+）上，信号灯闪光。接着将 SA 置于"合闸"位置，其触点 9-12 接通，合闸接触器 KM 线圈带电，其动合触点闭合，合闸线圈 YC 带电，断路器合闸。断路器合闸后，控制开关 SA 自动复归至"合闸后"位置。此时，由于断路器合闸，合闸位置继电器 KCC 线圈带电，其动合触点闭合，由 700L+经 SA 的触点 20-17、KCC 的触点、SA 的触点 2-4 及内附信号灯、附加电阻 R 至 700L-，形成通路，信号灯发平光。

手动跳闸操作时，先将控制开关 SA 置于"预备跳闸"位置，信号灯经 SA 的触点 18-17、1-3，KCC 的触点接至闪光小母线 100L（+）上，信号灯闪光。再将 SA 置于"跳闸"位置，其触点 10-11 接通，跳闸线圈 YT 带电，使断路器跳闸。断路器跳闸后，释放控制开关自动复归至"跳闸后"位置，信号灯发平光。

（2）断路器的自动控制。当自动装置动作，触点 K1 闭合后，SA 的触点 9-12 被短接，断路器合闸。由 100L（+）经 SA 的触点 18-19、KCC 的触点、SA 的触点 1-3 及内附信号灯、附加电阻 R 至 700L-，形成通路，信号灯闪光；当继电保护动作，保护出口继电器触点 K2 闭合后，SA 的触点 10-11 被短接，跳闸线圈 YT 带电，使断路器跳闸。由 100L（+）经 SA 的触点 13-14、KCT 的触点、SA 的触点 2-4 及内附信号灯、附加电阻 R

至700L－，形成通路，信号灯闪光，同时 SA 的触点 5－7、23－21 和动合触点 KCT 均闭合，接通事故跳闸音响信号回路，发事故音响信号。

（3）控制电路及其电源的监视。当控制电路的电源消失（如熔断器 FU1、FU2 熔断或接触不良）时，跳闸和合闸位置继电器 KCT 及 KCC 同时失电，其动合触点 KCT、KCC 断开，信号灯熄灭；其动断触点 KCT、KCC 闭合，启动信号继电器 KS，KS 的动合触点闭合，接通光字牌 HL 并同时发出音响信号（详见第四章）。此时，通过指示灯熄灭可找出故障的控制回路。值得注意的是，音响信号装置应带 0.2～0.3s 的延时。这是因为当发出合闸或跳闸脉冲瞬间，在断路器还未动作时，跳或合闸位置继电器会瞬间被短接而失压，此时音响信号亦可能动作。此外，当断路器、控制开关均在合闸（或跳闸）位置，跳闸（或合闸）回路断线时，都会出现信号灯熄灭、光字牌点亮并延时发音响信号。如果控制电源正常，信号电源消失，则不发音响信号，只是信号灯熄灭。

（4）音响监视方式与灯光监视方式相比，具有以下优点。

1）由于跳闸和合闸位置继电器的存在，使控制回路和信号回路分开，这样可以防止当回路或熔断器断开时，由于寄生回路而使保护装置误动作。

2）利用音响监视控制回路的完好性，便于及时发现断线故障。

3）信号灯减半，对大型变电所不但可以避免控制屏太拥挤，而且可以防止误操作。

4）减少了电缆芯数（由四芯减少到三芯）。

但是，音响监视采用单灯制，增加了两个继电器（即 KCT 和 KCC）；位置指示灯采用单灯不如双灯直观。目前只有大型变电所宜采用音响监视方式。

（二）弱电一对一控制

断路器的弱电一对一控制电路如图 3-5 所示。图中，断路器跳合闸回路采用直流 220V 强电操作，而控制信号回路采用直流 48V 弱电控制。SA 为弱电控制小开关；KC1、KC2 为合、跳闸继电器；KCC、KCT 为合、跳闸位置继电器；KCA1 为事故信号继电器；KM 为合闸接触器；YT 为跳闸线圈。

弱电控制小开关的作用与 LW2 型强电控制相似。进行一对一控制时，有四个位置，即合闸后、合闸（按下手柄右转 45°）、跳闸后、跳闸（按下手柄左转 45°）。弱电开关的手柄内附信号灯，可表示断路器的位置。当手柄位置与断路器位置不对应时，信号灯闪光。

控制电路的动作过程如下：

（1）断路器的手动控制。手动合闸前，断路器处于跳闸位置，跳闸位置继电器 KCT 线圈带电，其动合触点闭合，SA 手柄的内附信号灯发平光。合闸时，将控制开关 SA 置于"合闸"位置，其触点 9－12 接通，合闸继电器 KC1 线圈带电，其动合触点（在强电回路内）闭合，启动合闸接触器 KM，使断路器合闸。合闸后，跳闸位置继电器 KCT 线圈失电，合闸位置继电器 KCC 线圈带电，其动合触点闭合，SA 手柄的内附信号灯经其触点 2－4、KCC 触点及 SA 触点 20－17，接通电源而发平光。跳闸过程与合闸过程相似。

（2）断路器的自动控制。若控制开关在"合闸后"位置，继电保护动作，使断路器自动跳闸时，由断路器的辅助动断触点启动跳闸位置继电器 KCT。此时，SA 的手柄内附信号灯经 SA 触点 13－14、跳闸位置继电器动合触点、SA 触点 2－4，接通闪光电源，信号灯闪光，同时由 SA 触点 5－7、23－21 接通事故跳闸音响信号回路，发音响信号。自动合闸过程只发闪光信号。

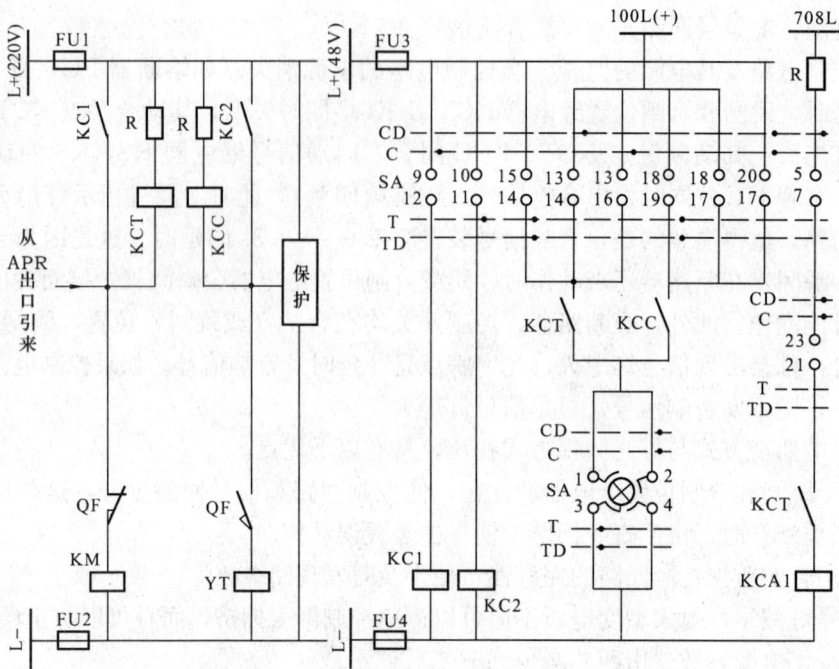

图 3-5 断路器弱电一对一控制电路

四、典型的断路器控制电路实例

目前，新建或老所改建的变配电所的控制普遍采用微机监控或综合自动化，但都配有常规的断路器控制电路，下面介绍几个工程实例。

（一）10kV 配电所断路器控制电路

配电所是指所内只有起开闭和分配电能作用的高压配电装置，母线上无主变压器，也常称开闭所。

某 10kV 配电所配电装置选用 KYN18C-12 型中置式开关柜，内装 ZN65A-12 型真空断路器，联体式弹簧操作机构，实现三相操作。该配电所二次系统采用综合自动化系统，其保护与监控采用二合一装置，称保护测控装置（AP），分散安装在 10kV 开关柜上，可实现 10kV 的保护与监控以及 10kV 断路器的一对一就地与远方控制。开关柜屏的布置如图 3-6 所示，其断路器控制电路如图 3-7 所示。图中的切换开关 SA1 为

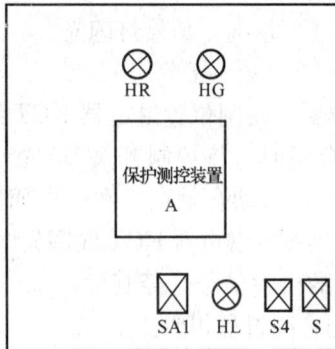

序号	名　称	项目代号
1	红、绿灯	HR、HG
2	储能灯	HL
3	切换开关	SA1
4	储能开关	S4
5	开关柜照明小开关	S
6	保护测控装置	A

图 3-6　10kV 开关柜平面布置图

LW21-16D/49.5858.4GS 开关，其开关面板标示及触点通断情况（也称触点图表）如图 3-8 所示。

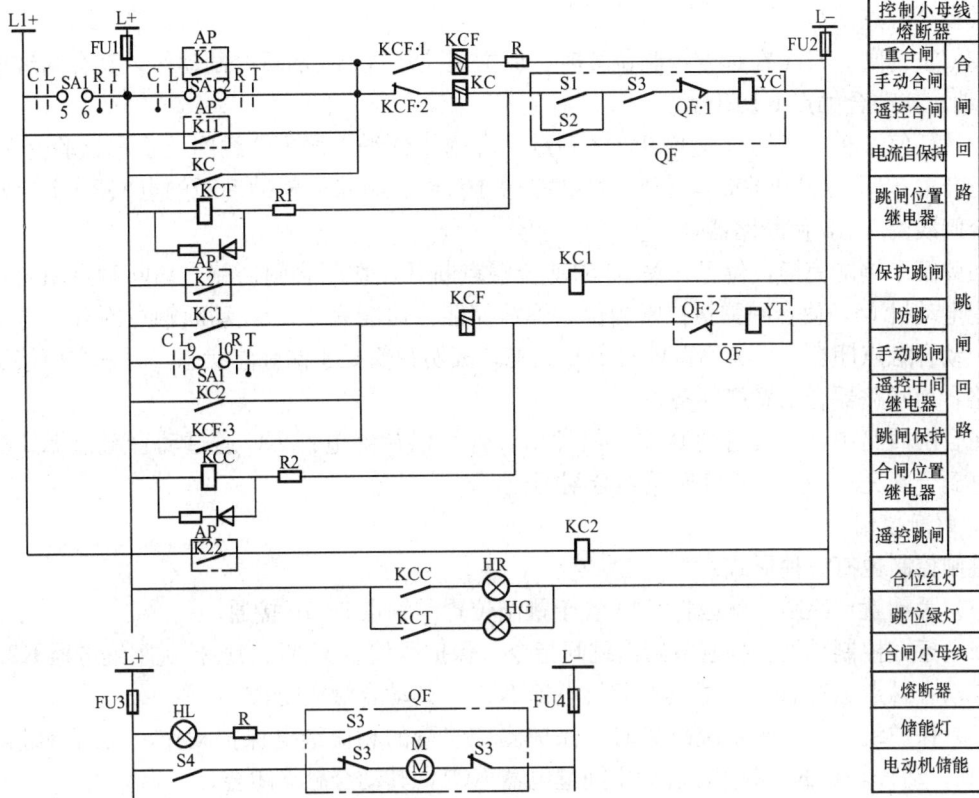

图 3-7　弹簧操作机构的断路器控制信号电路

该开关有三个固定位置，即两个"就地"，一个"远方"位置，有两个自动复归位置，即就地"分"，就地"合"。例如，手柄至"远方"位置，触点 5－6、7－8 接通，打至"就地 1"位置，无触点接通，接着再打至"分"位置，触点 9－10、11－12 接通，放开手柄，手柄自动复归至"就地"位置。"就地 2"及"合"位置情况类似，一般情况下，SA1 置"远方"位置，就地操作时，打至就地操作，完毕要尽快恢复。

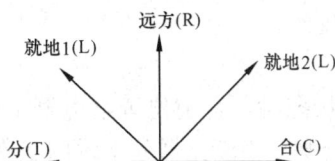

(a)

触点　位置	1-2	3-4	5-6	7-8	9-10	11-12
远方	—	—	•	•	—	—
就地 2	—	—	—	—	—	—
合闸	•	•	—	—	—	—
就地 1	—	—	—	—	—	—
分跳	—	—	—	—	•	•

(b)

图 3-8　LW21-160/49.5858.4GS 型切换开关
(a) 面板标示；(b) 触点图表

该电路的控制原理如下。

1. 合闸控制

合闸控制有三种形式：

(1) 手动就地合闸。就地将 SA1 置于合闸位置，触点 1－2 接通。远方和就地通过触点 5－6 通断实现。

（2）远方控制合闸。控制室给出合闸命令，保护测控装置 AP 的遥控合闸继电器 K11 启动，其动合触点 K11 闭合。

（3）重合闸。SA1 在远方控制位置时，保护测控装置 AP 的重合闸动作，其合闸继电器 K1 启动，其动合触点 K1 闭合。

上述任何一种方式均可经 KCF·2 触点、合闸闭锁继电器 KC 线圈及手车试验开关 S1 或运行开关 S2、位置开关 S3（正常时这些开关闭合）、断路器辅助动断触点 QF·1 启动断路器合闸线圈 YC，使断路器合闸。

当弹簧未储能完毕，位置开关 S3 的动合触点断开，切断合闸回路，动断触点闭合，启动储能电动机 M，使合闸弹簧拉紧到位，弹簧储能。储能完毕，S3 动断触点断开，电动机停转；动合触点闭合，一方面储能灯 HL 点亮，表明弹簧处于储好能状态，另一方面接通合闸回路，为断路器合闸做好准备。

在合闸回路中，只要合闸脉冲一经发出，合闸保持继电器 KC 通过动合触点 KC 自保持，直到合闸完毕，从而保证断路器合闸到位。

2. 跳闸控制

跳闸控制也有三种形式：

（1）手动就地跳闸。就地将 SA1 置于跳闸位置，触点 9-10 接通。

（2）远方控制跳闸。控制室给出跳闸指令，保护测控装置 AP 的遥控跳闸继电器 K22 启动，其动合触点 K22 闭合，启动中间继电器 KC2，其动合触点闭合。

（3）保护跳闸。一次系统故障时，保护测控装置的相应继电保护动作，其出口继电器 K2 启动，动合触点 K2 闭合，启动中间继电器 KC1，其动合触点闭合。

上述任何一种形式均可经防跳继电器 KCF 电流线圈，断路器辅助动合触点 QF·2 启动跳闸线圈 YT，使断路器跳闸。

3. 电气防跳

电气防跳是利用 KCF 电流线圈启动，电压线圈自保持，从而使动断触点 KCF·2 持续断开，切断合闸回路实现的。

4. 灯光监视

当断路器处于闭合状态时，合闸位置继电器 KCC 启动，其动合触点 KCC 闭合，红灯 HR 点亮，表明断路器合闸；当断路器处于跳闸状态时，跳闸位置继电器 KCT 启动，其动合触点 KCT 闭合，绿灯 HG 点亮，表明断路器跳闸。

（二）110kV 变电所断路器控制电路

某 110kV 变电所二次系统采用综合自动化系统（系统介绍见第六章）。系统配置有保护测控二合一装置 AP1、重动装置 AP2、信号装置 AP3 等。主变压器高压侧断路器采用 LW2-110 型六氟化硫断路器，配有液压操动机构，实现三相操作。该断路器的控制电路如图 3-9 所示。

该电路的工作原理如下：

1. 合闸控制

合闸控制有三种形式：

（1）手动就地控制。将切换开关 SA1 置于"1"位置（2-1 投合），按下手动合闸按钮 SA2，手动合闸继电器 KC1 启动，其动合触点闭合，启动重动装置 AP2 的合闸重动继电

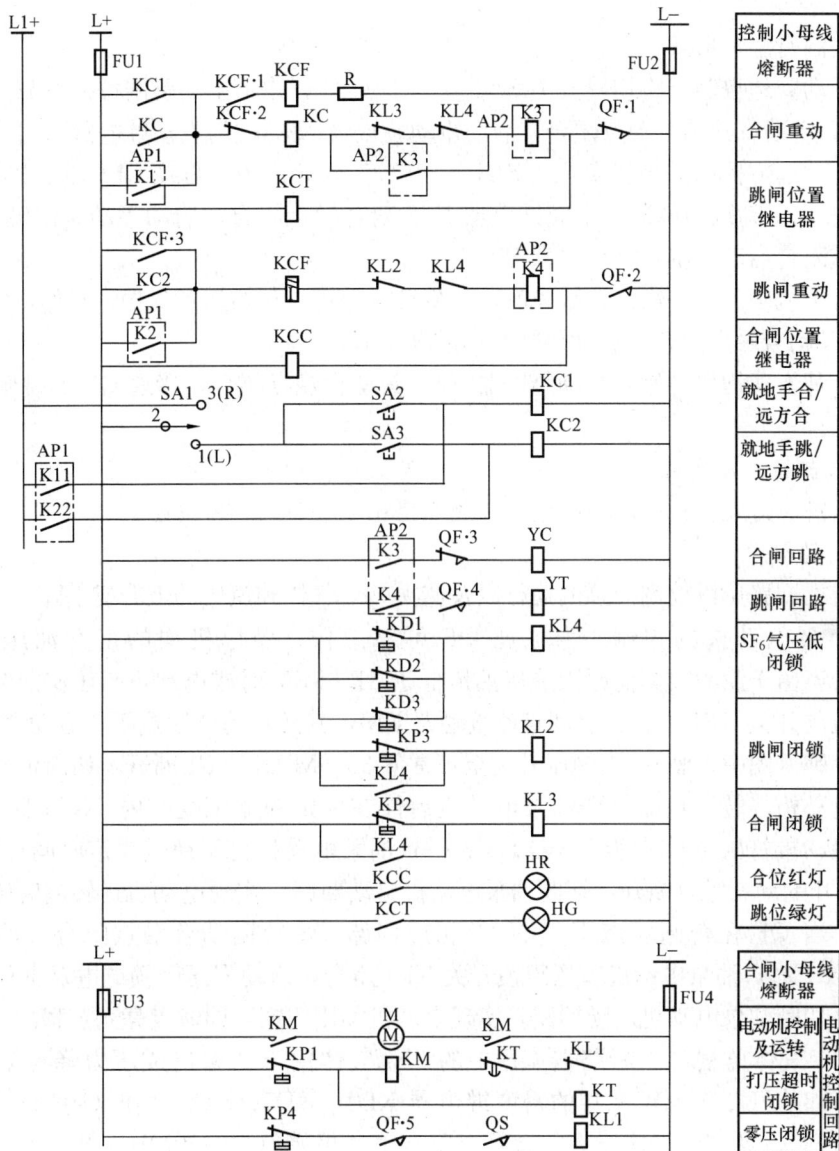

图 3-9　液压操动机构的断路器控制信号电路

器 K3。

（2）手动远方控制。将切换开关 SA1 置于"3"位置（2-3 投合），遥控小母线 L1＋带正电，保护测控装置 AP1 发出手动合闸脉冲，中间继电器 K11 动合触点闭合，启动 KC1，其动合触点闭合，启动合闸重动继电器 K3。

（3）自动合闸。保护测控装置 AP1 的重合闸动作，其出口继电器 K1 动合触点闭合，启动合闸重动继电器 K3。

上述三种形式均启动合闸重动继电器 K3，其动合触点闭合，接通 QF 的合闸线圈 YC，断路器合闸。断路器合闸过程中，合闸保持继电器 KC 经自保持回路接通，K3 一直带电，直到合闸完毕，保证断路器合闸到位。

2. 跳闸控制

跳闸控制有三种形式：

(1) 手动就地控制。将切换开关 SA1 置于"1"位，按下手动跳闸按钮 SA3，手动跳闸继电器 KC2 启动，其动合触点闭合，启动重动装置 AP2 的跳闸重动继电器 K4。

(2) 手动远方控制。将切换开关 SA1 置于"3"位，遥控小母线 L1+带正电，保护测控装置 AP1 发出手动跳闸脉冲，中间继电器 K22 动合触点闭合，启动手动跳闸继电器 KC2，其动合触点闭合启动跳闸重动继电器 K4。

(3) 保护跳闸。当一次系统故障时，相应继电保护（包括后备保护）动作，启动出口继电器 K2，其动合触点闭合，启动跳闸重动继电器 K4。

上述 3 种方式均启动跳闸重动继电器 K4，其动合触点闭合，接通 QF 的跳闸线圈 YT，断路器跳闸。

3. 电气防跳及灯光监视

电气防跳及灯光监视原理与配电所控制电路相同，在此不再论述。

4. 压力监视

压力监视回路用以控制油泵的运行以及监视 SF_6 气体和氮气的上升或下降。

(1) 油泵电动机的控制。为保证 QF 可靠工作，操作机构的正常油压为 31.6～32.6MPa，当由于漏油或其他原因造成油压低于 31.6MPa 时或电动机打压储能时，油泵电动机启停控制开关 KP1 闭合，启动直流接触器 KM，其两对动合触点闭合启动油泵电动机，并点亮光字牌（图中未画）。当油压升高至正常值 32.6MPa，KP1 断开，切断油泵电动机启动回路，电动机停转，从而保证油泵电动机启停在一定的油压范围内。KP1 闭合的同时，启动油泵电动机打压超时时间继电器 KT。一旦油泵电动机打压超过规定时间（3～5min），KT 延时断开的动断触点断开，切断油泵电动机启动回路，实现电动机运转超时闭锁，并点亮光字牌。当 QF 在合闸状态下（QF 及相应回路 QS 辅助动合触点闭合）油压降低至 18.0MPa 以下时，油泵电动机零压闭锁开关 KP4 闭合，启动零压闭锁继电器 KL1，其动断触点断开，切断油泵电动机启动回路，实现电动机零压闭锁，同时点亮光字牌。

(2) SF_6 气体监视。当断路器 QF 中的 SF_6 气体由于泄漏造成压力降至第一报警值（0.52MPa）时，U、V、W 三相的密度继电器 KD4、KD5、KD6 动作（闭合），点亮光字牌（图中未画），当 SF_6 气体压力在合闸时降至第二报警值（0.50MPa）时，U、V、W 三相密度继电器 KD1、KD2、KD3 动作（闭合），启动 SF_6 气体低压闭锁继电器 KL4，其动断触点断开，切断合闸重动继电器 K3 的充电回路以及跳闸重动继电器 K4 的充电回路，实现断路器的合、跳闸闭锁。KL4 的两对动合触点闭合则启动跳闸闭锁继电器 KL2 和合闸闭锁继电器 KL3。KL2 和 KL3 的动断触点（也分别串联在 K3 和 K4 的充电回路中）断开，实现断路器的双重跳、合闸闭锁。此时，相应的合、跳闸闭锁以及 SF_6 低压力闭锁光字牌也应点亮。

在此需要特别说明的是，一旦断路器合闸脉冲发出后，合闸电流则经 K3 的自保持回路流通，与 KL3、KL4 的动作情况无关。如果此时 SF_6 气体压力降低使 KL2、KL3、KL4 动作，则经 KL2、KL4 动断触点直接闭锁跳闸回路。

(3) 氮气压力或油压的监视。当氮气泄漏使其压力降低时，U、V、W 三相储压筒漏氮指示器 KG1、KG2、KG3 动作，点亮光字牌（图中未画）。当由于漏氮或漏油造成油压继续下降至 27.8MPa，超出油泵电动机的动作范围后，合闸闭锁开关 KP2 闭合，启动合闸闭锁继电器 KL3，实现断路器合闸闭锁；当油压下降至 25.8MPa 时，跳闸闭锁开关 KP3 闭合，启动跳闸闭锁继电器 KL2 实现断路器跳闸闭锁，此时相应光字牌也被点亮。

（三）500kV 变电所断路器控制电路

某 500kV 变电所装有两台 2×750MVA 的单相式自耦变压器，500kV 侧为 $\frac{3}{2}$ 接线，220kV 侧为双母线接线，35kV 侧为单母线接线。二次系统采用综合自动化计算机监控系统（系统介绍见第六章）。系统配置有具有重合闸功能的继电保护装置 AP1（随着计算机的发展，传统的重合闸装置由于与继电保护关系密切，已将重合闸归类到继电保护范畴，并将重合闸在结构上与继电保护一体化）、测控装置 AP2 等。下面以 220kV 线路断路器的控制电路为例介绍其工作原理。

断路器就操作方式而言，分三相操作和分相操作两种（前者断路器只配一台操动机构，后者三相各配一台操动机构）。220kV 及以上断路器，为了实现单相重合闸或综合重合闸，多采用分相操作方式。

本变电所 220kV 线路断路器就采用了分相弹簧操作机构，实现分相操作。其控制电路图如图 3 - 10 所示。下面介绍其工作原理。

1. 断路器的手动控制

由于该变电所 220kV 侧断路器为同步断路器，所以该断路器的合闸操作需经同步操作。而本变电所的微机监控具有自动采集断路器两侧电压信息并自动判别同步条件的功能，无需加装同步装置。

断路器合闸操作有手动遥控合闸和就地合闸两种方式。就地合闸（无需同步操作）时，将转换开关 SB 置于"就地"位置，其动断触点闭合，按下手动合闸按钮 SB1，启动三相手动合闸断电器 KC1；遥控合闸时，将 SB 置于"远方"位置，其动合触点闭合，接通测控装置，测控装置－AP2－K1 发出同步合闸脉冲启动 KC1。KC1 的三对动合触点闭合分别接通断路器的三相合闸回路，合闸线圈 YTU、YTV、YTW 带电，断路器三相合闸。

由于弹簧操动机构只有在弹簧储能结束并拉紧的情况下才允许合闸，所以在三相合闸回路分别串入接触器 KMU、KMV、KMW 的动断触点（该触点在弹簧拉紧时是闭合的）。在储能电动机控制回路中的辅助开关 SU、SV、SW 动断触点闭合，使 KMU、KMV、KMW 线圈带电，动断触点断开，切断三相合闸回路，动合触点闭合，接通电动机储能回路，电动机转动，直到弹簧储能使其拉紧。

与合闸操作类似，断路器的跳闸操作也有遥控和就地两种方式，它们也是通过 SB 的切换实现。两种方式均启动三相手动跳闸继电器 KC2，其三对动合触点闭合分别接通两组断路器的三相跳闸回路，两组跳闸线圈 YTU、YTV、YTW 带电，断路器三相跳闸。

2. 断路器的自动控制

综合重合闸要求正常操作采用三相式，单相接地故障则单相跳闸和单相重合；两相短路或两相短路接地则三相跳闸三相重合。

当发生单相接地故障时，综合重合闸中的故障相的分相跳闸继电器动作，其触点－AP1－K1 或－AP1－K2 或－AP1－K3，以及－AP1－K4 或－AP1－K5 或－AP1－K6 闭合，相应故障相两组跳闸线圈 YTU、YTV、YTW 带电，故障相跳闸。故障相跳闸后，启动重

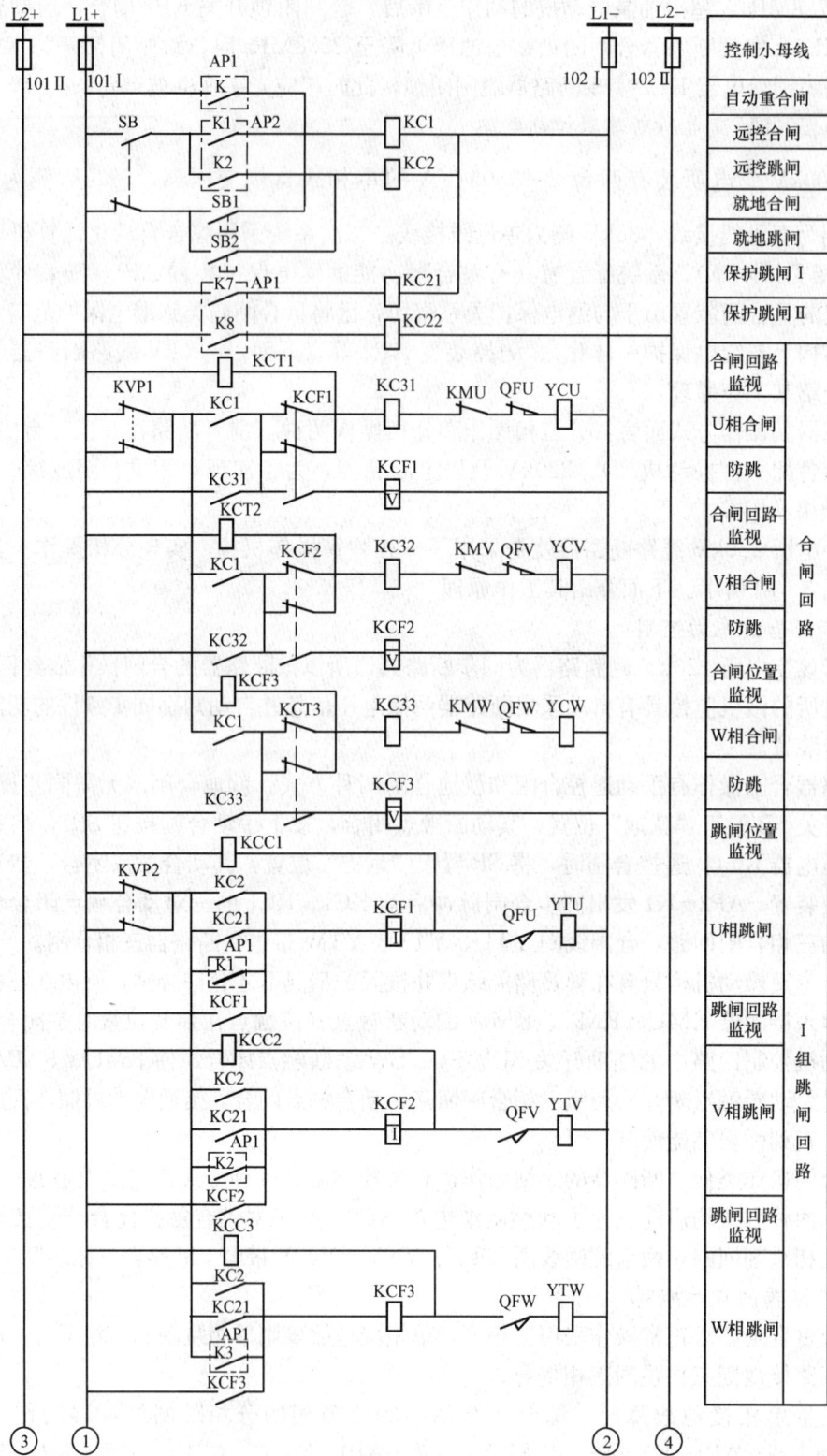

图 3-10　分相弹簧操作的断路器控制电路

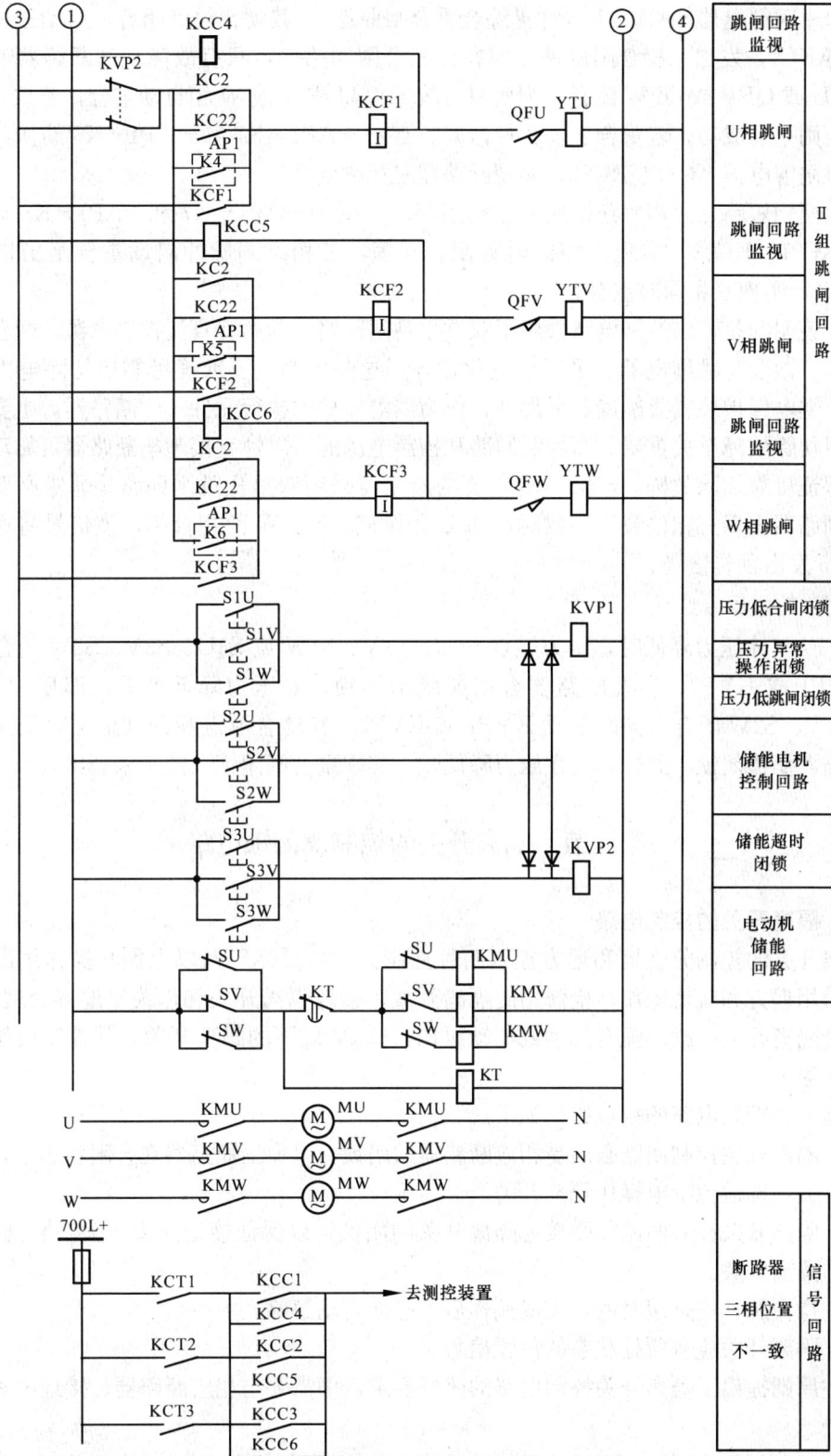

图 3-10 分相弹簧操作的断路器控制电路（续）

合闸出口中间继电器－AP1－K（详见综合重合闸原理），其动合触点闭合，启动三相手动合闸继电器 KC1，发出三相合闸脉冲。但在分相合闸回路中，只有故障相的断路器辅助动断触点 QFU 或 QFV 或 QFW 闭合，因而只有故障相 U 或 V 或 W 相自动重合，若故障为瞬时性故障，则重合成功。若重合于永久性故障，保护－AP1－K7 和－AP1－K8 动作，启动两组三相跳闸继电器 KC21、KC22，实现断路器三相跳闸。

发生两相短路、两相短路接地及三相短路时，保护－AP1－K7 和－AP1－K8 动作，分别启动 KC21、KC22，实现三相同时跳闸。同理，三相跳闸脉冲启动重合闸出口继电器－AP1－K，实现三相同时重合。

需要说明的是，该控制电路采用了双重化跳闸回路，即两套直流控制电源、两套断路器跳闸线圈、两套防跳继电器。采用双重化设计，这是因为：要准确可靠地切除电力系统故障，除了继电保护装置要准确、可靠外，作为继电保护的执行元件——断路器，也要可靠动作，这对切除故障至关重要。而控制回路和控制电源的可靠性直接影响断路器可靠动作，所以为了保证可靠切除故障，500kV 变电所的断路器采用双重化跳闸回路是非常必要的。此外，当断路器出现三相位置不一致时，如 U 相跳闸，V、W 两相合闸，该信号将送入测控装置 AP3 发出预告信号。

3. SF_6 气体压力监视

当 SF_6 气体压力降低时，压力触点 S1U、S1V、S1W 或 S3U、S3V、S3W 闭合压力继电器 KVP1 或 KVP2，实现断路器合闸或跳闸闭锁；如压力降低严重，即压力异常时，S2U、S2V、S2W 闭合，同时启动 KVP1 和 KVP2，其动合触点断开（正常时是闭合的），实现断路器操作闭锁。此外，应在压力降低时，实现重合闸闭锁（图中未画出）。

第三节　隔离开关的控制及闭锁电路

一、隔离开关的控制电路

隔离开关的控制分就地和远方控制两种控制方式，110kV 及以上倒闸操作用的隔离开关一般采用远方和就地操作；检修用的隔离开关、接地隔离开关和母线接地器为就地操作。目前国产隔离开关一般都配有气动或电动机构，35kV 以下的隔离开关，其控制按钮装设在操作机构箱上。

隔离开关控制电路的构成原则如下。

（1）隔离开关控制回路必须受相应断路器的闭锁，以保证断路器在合闸状态下，不能操作隔离开关，即避免带电操作隔离开关。

（2）隔离开关控制回路须受接地隔离开关的闭锁，以保证接地隔离开关在合闸状态下，不能操作隔离开关。

（3）操作脉冲应是短时的，完成操作后，应能自动解除。

（4）隔离开关应有所处状态的位置信号。

上述原则提出了隔离开关控制电路的闭锁要求，即需要与相应断路器、接地隔离开关相互闭锁。

图 3-11 示出了某变电所 110kV 线路隔离开关的控制电路。图中隔离开关以三相交流电动机作操作动力，实现远方和就地控制。

该控制电路的工作原理如下。

1. 合闸控制

隔离开关合闸操作时，在具备合闸条件下，即断路器 QF 在跳闸状态（QF 辅助动断触点闭合）、隔离开关 QS 在跳闸终端位置（行程开关 S1 闭合）并无跳闸操作（跳闸接触器 KM2 未启动）、电动机回路完好（即热继电器 KH 动断触点闭合）的情况下，就地操作时，将切换开关 SA1 置于"就地"（L）

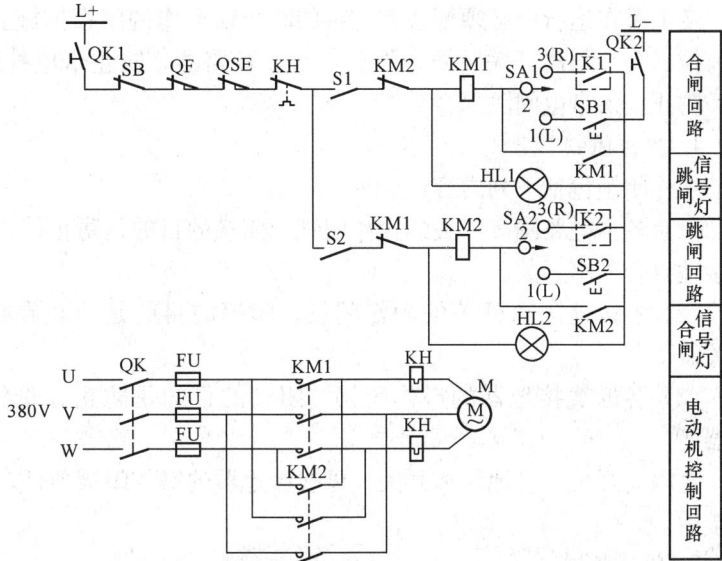

图 3-11　电动操作机构的隔离开关控制信号电路

位置，触点 1-2 接通，再按下就地合闸按钮 SB1；远方操作时，将切换开关 SA1 置于"远方"（R）位置，触点 2-3 接通，保护测控装置输出合闸脉冲启动中间继电器 K1 使其动合触点闭合。上述两种情况均可使合闸接触器 KM1 线圈带电，其 3 对动合触点闭合，接通交流电动机三相电源，使其正方向转动，实现隔离开关就地或远方合闸。此外，合闸接触器 KM1 还有一对动合触点与 SB1 等并联作为接触器自保持回路，直至隔离开关合闸到位、行程开关 S1 断开后方可解除接触自保持作用，从而使合闸指令无需持续到合闸过程结束。

2. 跳闸控制

跳闸操作时，在具备跳闸的条件下，即断路器 QF 仍在跳闸状态，隔离开关在合闸终端位置（行程开关 S2 闭合）并无合闸操作（合闸接触器 KM1 未启动），电动机回路完好的情况下，将 SA2 切换到"就地"（L）位置，触点 1-2 接通，再按跳闸按钮 SB2，或 SA2 切换到"远方"（R）位置，触点 2-3 接通，保护测控装置发出跳闸脉冲启动中间继电器 K2 使之动合触点闭合，从而启动跳闸接触器 KM2，使电动机反转，隔离开关跳闸，KM2 的自保持回路仍是保证隔离开关跳闸到终位。

在隔离开关合闸或跳闸过程中，由于某种原因要立即停止操作时，可按下紧急解除按钮 SB，切断合跳闸回路。

在电动机启动后，若电动机回路故障，热继电器 KH 动作，其动断触点断开控制回路，停止操作。此外，在合闸回路串接跳闸接触器动断触点 KM2；在跳闸回路串接合闸接触器动断触点 KM1，其目的是相互闭锁跳、合闸回路，以避免操作程序混乱。

3. 隔离开关的位置指示

隔离开关的位置由就地信号灯指示，隔离开关处于跳闸状态，跳闸信号灯 HL1 点亮，进行合闸操作时，该灯被短接熄灭；隔离开关处于合闸状态，合闸信号灯 HL2 点亮，进行跳闸操作时，该灯被短接而熄灭。

二、隔离开关的闭锁电路

变电所在运行中必须配备有完善的防止误操作的闭锁措施。能实现"五防"，即防止带负荷拉（合）隔离开关、防止误分（合）断路器、防止带电挂地线、防止带地线合隔离开关、防止误入带电间隔。

1. 操作闭锁内容

操作闭锁包括下列内容：

（1）各主电路隔离开关的操作闭锁。闭锁的目的是防止带负荷拉（合）隔离开关和防止带接地点合隔离开关。

（2）各接地隔离开关的操作闭锁。闭锁的目的是防止在带电的情况下，合接地隔离开关。

（3）各母线接地器的操作闭锁。闭锁的目的是防止在母线带电的情况下，合母线接地器。

主隔离开关、接地隔离开关、母线接地器的操作闭锁条件，主要取决于其所在回路的电气接线。

2. 闭锁装置

为了实现隔离开关的操作闭锁，除在隔离开关、接地隔离开关、母线接地器的控制电路中串入相应的辅助动断触点外，还需在操动机构上设置专门的闭锁装置。

（1）电磁锁。电磁锁的结构如图 3 - 12 （a）所示，它主要由电锁 I 和电钥匙 II 组成。电锁 I 由锁芯 1、弹簧 2 和插座 3 组成。电钥匙 II 由插头 4、线圈 5、电磁铁 6、解除按钮 7 和钥匙环 8 组成。在每个隔离开关的操作机构上装有一把电锁，全厂（所）备有二把或三把电钥匙作为公用。只有在相应断路器处于跳闸位置时，才能用电钥匙打开电锁，对隔离开关进行合、跳闸操作。

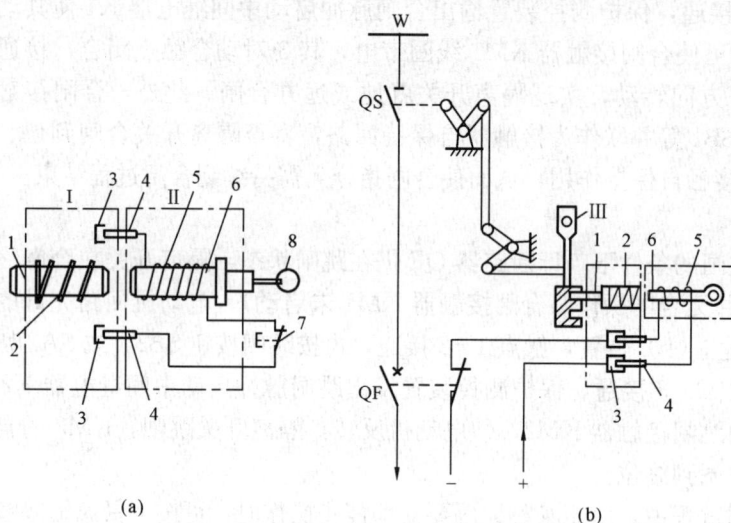

图 3 - 12　电磁锁结构及原理

（a）电磁锁结构图；（b）电磁锁工作原理

1—锁芯；2—弹簧；3—插座；4—插头；5—线圈；

6—电磁铁；7—解除按钮；8—钥匙环

电磁锁的工作原理如图 3 - 12 （b）所示。在无跳、合闸操作时，用电磁锁锁住操作结构的转动部分，即锁芯 1 在弹簧 2 压力的作用下，锁入操作机构的小孔内，使操作手柄 III 不能转动。当需要断开隔离开关 QS 时，必须先跳开断路器 QF，使其辅助动断触点闭合，给插座 3 加上直流操作电源，然后将电钥匙的插头 4 插入插座 3 内，线圈 5 中就有电流流过，使电磁铁 6 被磁化吸出锁芯 1，锁就打开了，此时利用操作手柄 III，即可拉断隔离开关。隔离开关拉断后，取下电钥匙插头 4，使线圈 5 断电，释放锁芯 1。锁芯 1 在弹簧 2 压力的作用下，又锁入操作机构小孔内，锁住操作手柄。需要合上隔离开关的操作过程与上类似。

可见，断路器必须处于跳闸位置才能把电磁锁打开，操作隔离开关。这就可靠地避免了带负荷拉、合隔离开关的误操作发生。

电磁锁一般装在手动操作的隔离开关、母线接地器的操动机构上。

（2）微机防误闭锁装置。它的结构示意如图 3-13 所示。该装置主要包括三大部分：微机模拟盘、电脑钥匙、机械编码锁。

在微机模拟盘的主机内，预先储存了变电所所有操作设备的操作条件。模拟盘上各模拟元件都有一对触点与主机相连。运行人员要操作时，首先在微机模拟盘上进行预演操作。在操作过程中，计算机根据预先储存好的条件对每一操作步骤进行判断。若操作正确，则发出一个操作正确的音响信号；若操作错误，则通过显示器闪烁，显示错误操作项的设备编号，并发出报警信号，直至将错误项复归为

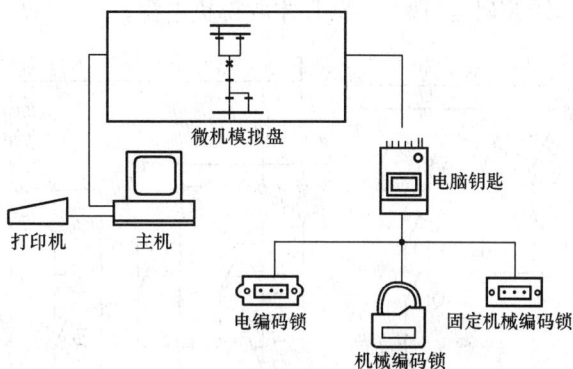

图 3-13 微机防误闭锁装置示意图

止。预演操作结束后，打印机可打印出操作票，并通过微机模拟盘上的光电传输口将正确的操作程序输入到电脑钥匙中。然后，运行人员就可以拿电脑钥匙到现场操作。操作时，正确的操作内容将顺序地显示在电脑钥匙的显示屏上，并通过探头检查操作的对象是否正确。若正确则闪烁显示被操作设备的编号，同时开放闭锁回路，可对断路器操作或打开机械编码锁，使隔离开关能操作。每操作一步结束后，能自动显示下一步的操作内容。若走错间隔，则不能打开机械编码锁，同时电脑钥匙发出报警，提示运行人员。全部操作结束后，电脑钥匙发出音响，提示操作人员关闭电源。

目前，变电所广泛采用综合自动化系统后，微机监控装置将自动实现"五防"要求（参见第六章）。

3. 闭锁电路

隔离开关的电气闭锁电路与主接线方式有关，主要有以下几类。

（1）单母线隔离开关闭锁电路，如图 3-14 所示。图 3-14 中，YA1、YA2 分别为隔离开关 QS1、QS2 电磁锁开关（插座）。闭锁电路由相应断路器 QF 合闸电源供电。

断开线路时，首先应断开断路器 QF，使其辅助动断触点闭合，则负电源 L- 接至电磁锁开关 YA1 和 YA2 的下端。用电钥匙使电磁锁开关 YA2 闭合，即打开了隔离开关 QS2 的电磁锁，拉断隔离开关 QS2，然后取下电钥匙，使 QS2 锁在断开位置。再用电钥匙打开隔离开关 QS1 的电磁

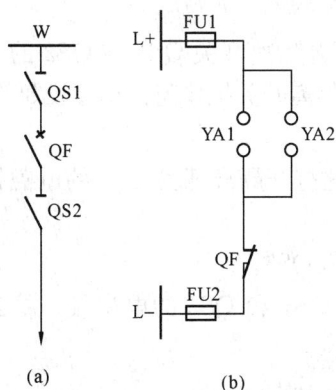

图 3-14 单母线隔离
开关闭锁电路
(a) 主电路；(b) 闭锁电路

锁开关 YA1，拉断 QS1，然后取下电钥匙，使 QS1 锁在断开位置。

对于单母线馈线隔离开关，若采用电动操作机构的隔离开关，也可不必装设电磁锁，因为在其控制电路中，已经考虑了相应的闭锁回路。

（2）双母线隔离开关闭锁电路。双母线系统除了断开和投入馈线操作外，还需要在馈线不停电的情况下，进行切换母线的操作，以下简称为倒闸操作。双母线隔离开关闭锁电路如图 3-15 所示。

图 3-15 中 880L 为隔离开关操作闭锁小母线。只有在母联断路器 QF 和隔离开关 QS1 和 QS2 均在合闸位置时，隔离开关操作闭锁小母线 880L 经支路 6 才与负电源 L-接通，即双母线并列运行时，880L 才取得负电源。

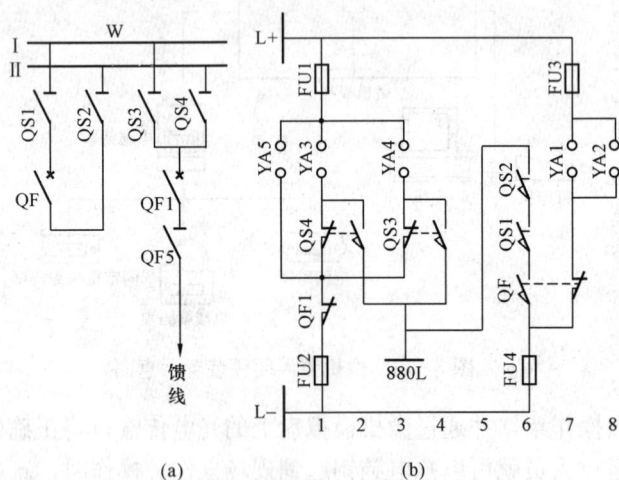

图 3-15　双母线隔离开关闭锁电路
(a) 主电路；(b) 闭锁电路

图 3-15 中各隔离开关的闭锁条件为：

1）当母联断路器 QF 在跳闸位置时，可以操作隔离开关 QS1 和 QS2（见支路 7 和 8）。

2）当出线断路器 QF1 在跳闸位置时，可以操作隔离开关 QS5；当 QF1 在跳闸位置和隔离开关 QS4（或 QS3）断开时，可以操作 QS3（或 QS4），见支路 1（或支路 3）。

3）当双母线并联运行（即 QF、QS1、QS2 均在合闸位置），隔离开关操作闭锁小母线 880L 取得负电源时，如果隔离开关 QS4（或 QS3）已投入，则可以操作隔离开关 QS3（或 QS4）。例如，若出线原来在 I 母线运行，即出线断路器 QF1 和隔离开关 QS3 及 QS5 均在合闸位置。当需要把出线从 I 母线切换到 II 母线而进行倒闸操作时，其操作程序为：

（a）在母联断路器 QF 处于跳闸位置时，用电钥匙依次打开隔离开关 QS1 和 QS2 的电磁锁开关 YA1 和 YA2，合上 QS1 和 QS2，然后合上 QF，使隔离开关操作闭锁小母线 880L 取得负电源。

（b）由于隔离开关 QS3 处于合闸位置，因此可以用电钥匙打开隔离开关 QS4 的电磁锁开关 YA4，合上 QS4。

（c）用电钥匙打开隔离开关 QS3 的电磁锁开关 YA3，拉断 QS3。

（d）跳开母联断路器 QF，用电钥匙依次打开隔离开关 QS1 和 QS2 的电磁锁，拉断 QS1 和 QS2。

（3）双母线带旁路母线隔离开关闭锁电路。其电路如图 3-16 所示。

图 3-16 中，QF 为旁路兼母联断路器，若只作为旁路断路器，则去掉隔离开关 QS3 及其电磁锁开关 YA3 即可。

881L 和 900L 为旁路隔离开关闭锁小母线。881L 可直接经熔断器 FU1 取得正电源 L+，而 900L 只有在断路器 QF 在跳闸位置，而且隔离开关 QS4 在合闸位置时，才能取得负电源

L−，从而避免了当用旁路（兼母联）断路器 QF 替代出线断路器 QF1 向外供电时，因忘合 QS4 而中断供电。

图中各隔离开关的闭锁条件为：

1）当旁路（兼母联）断路器 QF 在跳闸位置，而隔离开关 QS2（或 QS1）在断开位置时，可以操作 QS1（或 QS2），见支路 1（或支路 2）。

2）在接地隔离开关 QSE 与隔离开关 QS3 和 QS4 装有

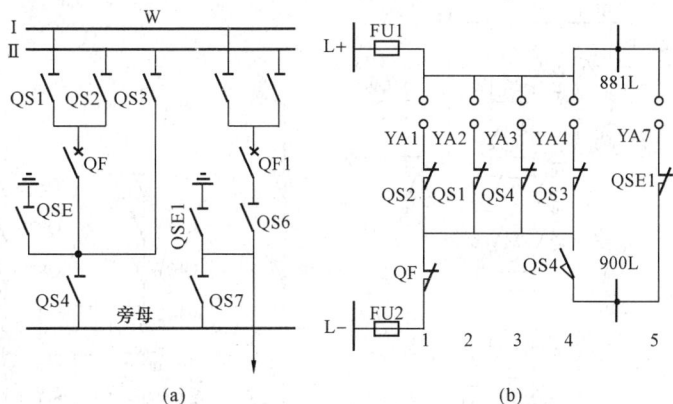

图 3-16　旁路母线隔离开关闭锁电路
(a) 主电路；(b) 闭锁电路

机械闭锁装置的情况下，当旁路（兼母联）断路器 QF 在跳闸位置，而隔离开关 QS4（或 QS3）在断开位置时，可以操作 QS3（或 QS4），见支路 3（或支路 4）。

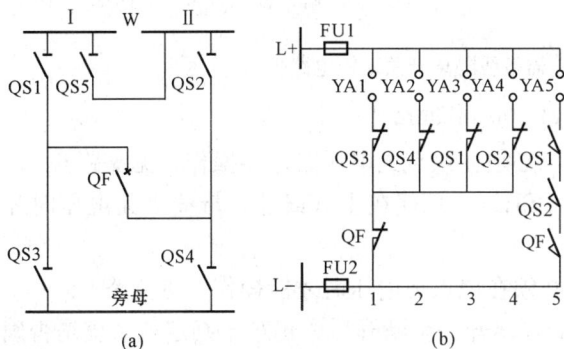

图 3-17　单母线分段隔离开关闭锁电路
(a) 主电路；(b) 闭锁电路

3）当旁路（兼母联）断路器 QF 在跳闸位置，而旁路母线上的隔离开关 QS4 在合闸位置，接地隔离开关 QSE1 在断开位置时，才能经支路 5 操作出线旁路隔离开关 QS7，从而避免了由于接地隔离开关 QSE1 在合闸位置，而误操作 QS7。

（4）单母线分段隔离开关闭锁电路。如图 3-17 所示。

图 3-17 中 QF 为分段兼旁路断路器。各隔离开关的闭锁条件为：

1）当断路器 QF 在跳闸位置，隔

离开关 QS3（或 QS4）在断开位置时，才能操作 QS1（或 QS2），见支路 1（或支路 2）。

2）当断路器 QF 在跳闸位置，隔离开关 QS1（或 QS2）在断开位置时，才能操作 QS3（或 QS4），见支路 3（或支路 4）。

3）当断路器 QF 和隔离开关 QS1 及 QS2 均在合闸位置时，才能操作 QS5，见支路 5。

（5）$1\frac{1}{2}$ 断路器接线中隔离开关闭锁电路如图 3-18 所示。图中，为简化接线，在隔离开关与接地隔离开关之间装设了机械闭锁装置。各隔离开关的闭锁条件为：

1）断路器 QF1（或 QF2 或 QF3）两侧的隔离开关及接地隔离开关 QS11、QS12、QSE11、QSE12（或 QS21、QS22、QSE21、QSE22 或 QS31、QS32、QSE31、QSE32），必须在 QF1（或 QF2 或 QF3）处于跳闸位置才能操作，见支路 1（或支路 2、3）。

2）出线（或变压器）侧的隔离开关 QS3（或 QS4），必须在其两分支的断路器 QF1 和 QF2（或 QF2 和 QF3）均在跳闸位置时才能操作，见支路 4（或支路 5）。

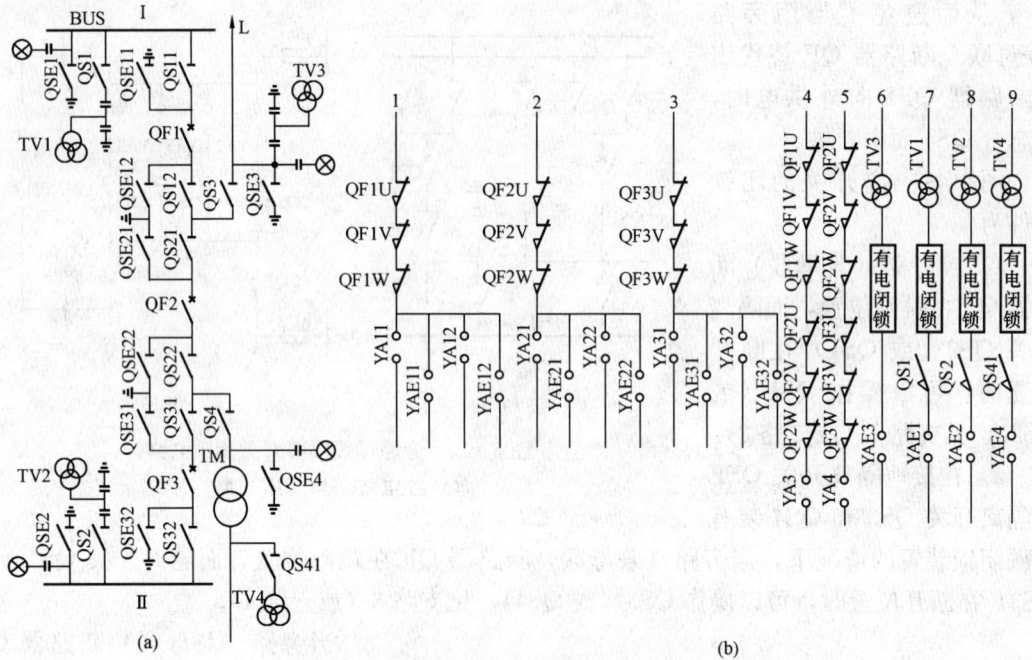

图 3-18　$1\frac{1}{2}$ 断路器接线隔离开关闭锁电路

(a) 主电路；(b) 闭锁电路

3）出线线路侧的接地隔离开关 QSE3，必须在该点无电压时才能操作，见支路 6。

4）母线上的接地隔离开关 QSE1（或 QSE2），必须在 I（或 II）母线上无电压时才能操作，见支路 7（或支路 8）。

5）变压器侧的接地隔离开关 QSE4，必须在该点无电压时才能操作，见支路 9。

需要说明的是，与一次系统直接有关的隔离开关全断开后，仍难于判定该系统是否确实无电时，例如线路隔离开关的外侧，可在三相电压互感器的二次侧装设有电闭锁继电器。当一次系统有电时，该继电器的触点闭锁相应隔离开关的电磁锁开关回路，使其不能操作。

第四章　变配电所的信号系统

在变电所中，运行人员为了及时发现与分析故障，迅速消除和处理事故，统一调度和协调生产，除了依靠测量仪表或监测系统监视设备运行外，还必须借助灯光和音响信号装置来反映设备正常和非正常的运行状态。本章主要介绍常规的变配电所的信号系统，在此基础上介绍了新型的信号系统。

第一节　概　　述

变电所的信号装置，供值班人员经常监视所内各种设备和系统的运行状态，按信号的性质可分为以下几种。

（1）事故信号。发生事故时，断路器事故跳闸的信号。

（2）预告信号。一次或二次设备偏离正常运行状态的信号。

（3）位置信号。表示断路器、隔离开关、变压器的调压开关等开关设备触头位置的信号。

（4）继电保护和自动装置的动作信号。

其中事故信号和预告信号又统称为中央信号。

按信号的表示方式，又可分为光信号和声音信号。光信号又分为平光信号和闪光信号以及不同颜色闪光频率的光信号。声音信号又可分不同音调或语言的声音信号。

在有人值班的变电所，正常操作和事故处理，由变电所的值班人员与控制、信号设备的有机配合来实现。其中信号装置的作用是把电气设备和电力系统的运行状态变换成人的感官能接受的声光信号。

一、信号装置的基本要求

（1）信号装置的动作要准确可靠。信号装置作为一种信号变换器，它的输入信息是电气设备和电力系统的各种状态，输出是供人感官接收的声光信号。如断路器正常合闸时红色信号灯点亮；正常跳闸时绿色信号灯点亮，事故跳闸时发出蜂鸣器声，并且绿色信号灯闪光；一次系统发生不正常情况时警铃响，并有光字牌指示等等。信号装置的这种变换信息的功能一定要准确可靠，既不能误变换，也不允许不变换。否则，运行人员就不能准确地掌握电气设备和系统的工况，因而也就不可能作出正确的判断和操作，甚至有可能造成严重的事故。

（2）声、光信号要明显。人接收信息主要靠视觉和听觉，声、光信号必须明显、清晰。

1）不同性质的信号之间有明显的区别。例如，事故跳闸的音响是蜂鸣器声，预告信号的音响是警铃声。

2）信号装置的动作与没动作应有明显的区别。在几个动作的信号中，已经动作并被值班人员确认的信号与新动作而没有被确认的信号之间有明显的区别；动作以后又自动消失与没有动作的信号之间有明显的区别。

3）信号装置应准确反映发生不正常状态或事故的设备，以及故障的性质、内容。

（3）信号装置的反映速度要快。当电气设备或系统发生事故或出现不正常运行状态时，值班人员必须尽快知道，并尽快作出处理事故的反应，减少经济损失。这就要求信号装置有较高的反应速度，否则有可能延误事故的处理，而使事故扩大，所以变电所的事故和预告信号一般都瞬时发出。

需要指出的是，目前变、配电所一般都装有微处理机构成的自动监控系统或综合自动化系统。正常情况下，中央信号装置的绝大部分功能已被自动监控系统所代替。在这种情况下，常规信号系统作为监控系统的备用应适当简化接线，例如减少预告信号，只保留对变电所起安全作用的主要预告信号等。

二、事故信号和预告信号装置的功能

1. 事故信号装置的功能

事故信号是变电所内发生事故时断路器跳闸的信号。断路器的事故跳闸可能由以下原因引起：

（1）线路或电气设备发生故障，由继电保护装置动作跳闸。

（2）继电保护或自动装置误动作跳闸。

（3）控制回路故障误跳闸。

无论由那种原因引起的事故跳闸，值班人员都应立即知道，并应迅速采取措施处理事故。所以，事故信号装置应具备如下功能。

（1）发生事故时应无延时地发出音响信号，同时有相应的灯光信号指出发生事故的对象。

（2）事故时应立即启动远动装置，发出遥信。

（3）能手动或自动地复归音响信号，能手动试验声光信号，但在试验时不发遥信。

（4）事故时应有指明继电保护和自动装置动作情况的光信号或其他形式的信号。

（5）能自动记录发生事故的时间。

（6）能重复动作，当一台断路器事故跳闸后，在值班人员没有来得及确认事故之前，又发生了新的事故跳闸时，事故信号装置还能发出音响和灯光信号。

（7）事故时，应能启动计算机监控系统。

2. 预告信号装置的功能

预告信号是变电所中电气设备发生不正常运行状态的信号，预告信号包括以下内容：

（1）各种电气设备的过负荷。

（2）各种带油设备的油温升高超过极限。

（3）交流小电流接地系统的接地故障。

（4）各种电压等级的直流系统接地。

（5）各种液压或气压机构的压力异常，弹簧机构的弹簧未拉紧。

（6）用 SF_6 气体绝缘设备的 SF_6 气体密度或压力异常。

（7）三相式断路器的三相位置不一致。

（8）有载调压变压器三相分接头位置不一致。

（9）各种继电保护和自动装置的交、直流电源断线。

（10）断路器的控制回路断线。

（11）电流互感器和电压互感器的二次回路断线。

（12）继电保护和自动装置中的信号继电器动作未复归。

（13）动作于信号的继电保护和自动装置的动作。

（14）其他一些值班人员需要了解的运行状态也可发出预告信号。

当变电所中的电气设备出现不正常运行状态时，值班人员通过预告信号装置应立即知道，并及时记录和处理，防止事故发生。因此，对预告信号装置提出以下要求。

（1）预告信号出现时，应能发出与事故信号有区别的音响信号，同时有灯光信号指出不正常运行的内容。

（2）能手动或自动地复归音响信号，在预告信号消除前，应能保留相应的灯光信号。

（3）能重复动作，即在一个预告信号没有消除前，再出现新的预告信号时，仍能发出音响和灯光信号。

（4）能手动试验音响和灯光信号。

第二节　常规的中央信号系统

以冲击继电器为核心的中央信号系统构成变、配电所的常规中央信号系统。

一、中央信号的启动电路

具有中央复归能重复动作的中央信号电路的主要元件是冲击继电器。它可接收各种事故脉冲。冲击继电器有各种不同的类型，但其共同点是都有接收信号的元件（脉冲变流器或电阻）以及相应的执行元件。中央信号的启动回路如图 4-1 所示。图中，700L+、700L- 为信号电源小母线；708L 为事故音响小母线；709L、710L 为预告信号小母线；U 为脉冲变流器；KM 为执行元件脉冲继电器；SA 为控制开关；S 为转换开关。

对于图 4-1（a）的事故信号启动回路，当系统发生事故，断路器 QF1 跳闸时，接于 708L 与 700L- 之间的不对应启动回路接通（即 708L 经 R、SA1 触点 1-3、19-17、断路器辅助常闭触点 QF1 至 700L-），在变流器 U 的一次侧将流过一个持续的直流电流（阶跃脉冲），而在 U 的二次侧只有一次侧电流从初始值达到稳定值的瞬变过程中才有感应电动势产生，对应二次侧电流是一个尖峰脉冲电流，此电流使执行元件的继电器 KM 动作。KM 动作后再启动中央事故信号电路。当变流器 U 中的直流电流达稳定值后，二次绕组中的感应电动势即消失，继电器 KM 可能返回，也可能不返回，依继电器 KM 的类型而定。不论继电器返回与否，音响信号将靠本身的自保持回路继续发送，直至中央事故信号电路发出音响解除命令为止。当前次发出的音响信号被解除，而相应启动回路尚未复归，第二台断路器 QF2 又自动跳闸，第二条不对应启动回路（即由 708L 经 SA2 触点 1-3、19-17 和断路器辅助动断触点 QF2 至 700L-）接通，在小母线 708L 与 700L- 之间又并联一支启动回路；从而使变流器 U 的一次电流发生变化（每一并联支路中均串有电阻 R），二次侧感应脉冲电动势，使继电器 KM 再次启动。可见，变流器不仅接收了事故脉冲并把它变成使执行元件动作的尖脉冲，而且把启动回路与音响信号回路分开，从而保证音响信号一经启动，即与启动它的不对应回路无关，达到了音响信号重复动作的目的。

对于图 4-1（b）的预告信号启动回路，与图 4-1（a）相比，脉冲变流器 U 仍接收故障信号脉冲，并转换为尖脉冲使继电器 KM 动作，但启动回路及重复动作的构成元件不同，具体区别有以下几点。

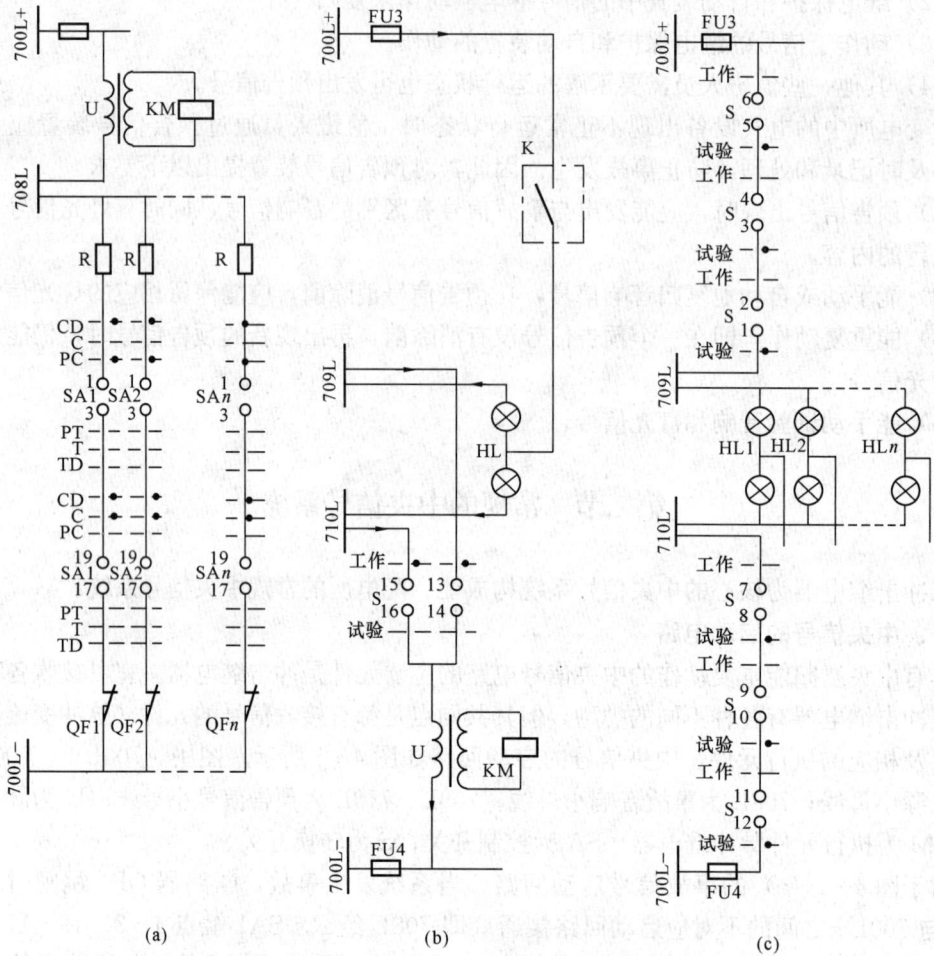

图 4-1　中央信号的启动电路

（a）事故信号启动电路；（b）预告信号启动电路；（c）光字牌检查电路

（1）事故信号是利用不对应原理，将信号电源与事故音响小母线接通来启动；而预告信号是利用相应的继电保护装置出口继电器动合触点 K 与预告信号小母线接通来启动。此时转换开关 S 在"工作"位置，其触点 13-14，15-16 接通。当设备发生不正常运行状态（如变压器油温过高）时，相应的保护装置的触点 K 闭合，预告信号的启动回路接通，即 700L+ 经触点 K，光字牌 HL 接至预告小母线 709L 和 710L 上，再经过 S 的触点 13-14、15-16，变流器 U 至 700L-，使 KM 动作，并点亮光字牌 HL。

（2）事故信号是在每一启动回路中串接一电阻启动的，重复动作则是通过突然并入一启动回路（相当于突然并入一电阻）引起电流突变而实现的；预告信号是在启动回路中用光字牌代替电阻启动，重复动作则是通过启动回路并入光字牌实现。

对于图 4-1（c）的光字牌检查回路，当检查光字牌的灯泡是否完好时，可将转换开关 S 由"工作"位置切换至"试验"位置，通过其触点 1-2、3-4、5-6、7-8、9-10、11-12，将 709L 和 710L 分别接至 700L+ 和 700L-，使所有接在 709L、710L 上的光字牌都点亮。任一光字牌不亮，则说明内部灯泡损坏，可及时更换。由于接至预告信号小母线的光字牌数目较多，为了保证在切换过程中转换开关 S 的触点不致烧坏，S 采用了三对触点相串联，以加强断弧能力。

二、JC−2 型冲击继电器构成的事故信号和预告信号电路

（一）JC−2 型冲击继电器的内部电路及工作原理

JC−2 型冲击继电器的内部电路如图 4-2 所示。

图中，KP 为极化继电器。此继电器具有双位置特性，其结构示意图如图 4-3 所示。线圈 1 为工作线圈，线圈 2 为返回线圈。若线圈 1 按图示极性通入电流时，根据右手螺旋定则，电磁铁 3 及与其连接的可动衔铁 4 的上端呈 N 极，下端呈 S 极，电磁铁产生的磁通与永久磁铁产生的磁通互相作用，产生力矩，使极化继电器动作，触点 6 闭合。若线圈 1 流过反方向电流或线圈 2 流过图示极性电流，可动衔铁改变极性，触点 6 复归。

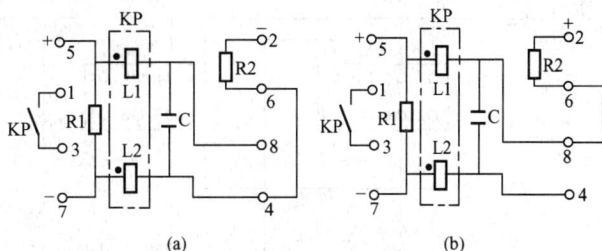

图 4-2 JC−2 型冲击继电器的内部电路图
（黑点表示正极性端）
(a) 负电源复归；(b) 正电源复归

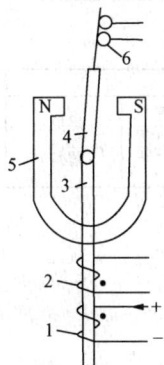

图 4-3 极化继电器结构示意图

1—工作线圈；2—返回线圈；3—电磁铁；4—可动衔铁；5—永久磁铁；6—触点

JC−2 型冲击继电器是利用电容充放电启动极化继电器的原理构成。启动回路动作时，产生的脉冲电流自端子 5 流入，在电阻 R1 上产生一个电压增量，该电压增量即通过继电器的两个线圈给电容器 C 充电，充电电流使极化继电器动作。当充电电流消失后，极化继电器仍保持在动作位置。极化继电器的复归有两种方式，一种为负电源复旧，即冲击继电器接于正电源端 [如图 4-4（a）所示] 时，端子 4 和 6 短接，将负电源加到端子 2 来复归，其复归电流从端子 5 流入，经电阻 R1、线圈 L2、电阻 R2 至端子 2 流出，如图 4-2（a）所示。另一种方式为正电源复归，即冲击继电器接于负电源端 [如图 4-4（b）所示] 时，端子 6 和 8 短接，将正电源加到端子 2 来复归，其复归电流从端子 2 流入，经电阻 R2、线圈 L1、电阻 R1 至端子 7 流出，如图 4-2（b）所示。

此外，冲击继电器还具有冲击自动复归特性。即当流过电阻 R1 的冲击电流突然减小或消失时，在电阻 R1 上的电压有一减量，该电压减量使电容器经极化继电器线圈放电，其放电电流使极化继电器冲击复归。

（二）JC−2 型冲击继电器构成的事故信号和预告信号电路

由 JC−2 型冲击继电器构成的中央事故信号和预告信号电路如图 4-4 所示。

1. 事故信号的动作原理

（1）事故信号的启动。当断路器事故跳闸时，事故信号启动回路（即 708L 与 700L−）接通，给出脉冲电流信号，使冲击继电器 KM1 启动。其动合触点（端子 1 和 3 之间）闭合，启动中间继电器 KC1，其动合触点 KC1·1 闭合后启动时间继电器 KT1，动合触点 KC1·2 闭合启动蜂鸣器 HAU，发出音响信号。

（2）发遥信。事故音响小母线 808L 是专为向中心调度所发遥信的小母线。当断路器事

事 故 信 号													
信号电源及小母线	熔断器	手动复归	自动复归	冲击及继电器中间继电器	试验按钮	中间继电器及遥信中击	试验按钮	遥信	自助解除音响	蜂鸣器	熔断器监视	6~10kV配电事故信号继电器	装置事故信号继电器

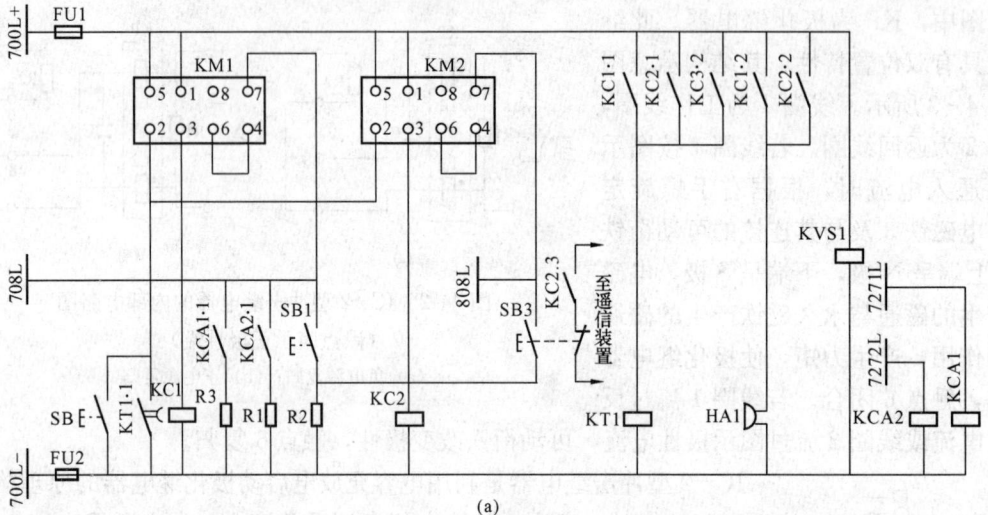

(a)

预 告 信 号													
信号电源及小母线	试验按钮	冲击及继电器时间继电器	自动复归	手动复归	中间继电器	警铃	熔断器监视	预告信号小母线	6~10kV配电装置预告信号	信号继电器事故回路信号	熔断器	6~10kV电装置I段配电 电装置II段配电 线路跳闸回路 断线 掉牌未复归 直流接地母线	监视灯熔断器

(b)

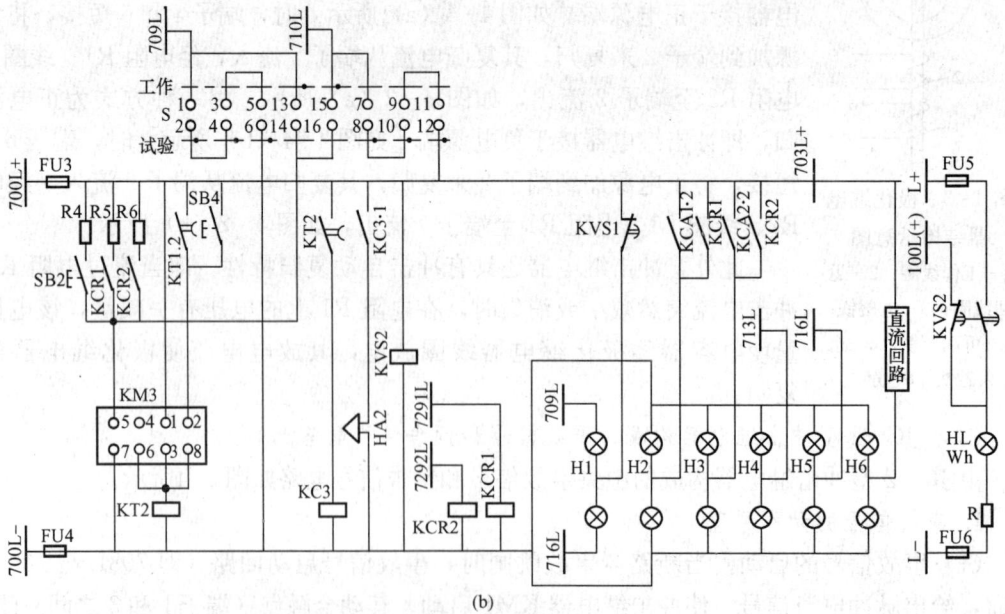

图 4-4 JC-2 型冲击继电器构成的中央信号电路

(a) 事故信号电路；(b) 预告信号电路

故跳闸需要发遥信时，808L 接负电源 700L－，脉冲信号启动冲击继电器 KM2，随之启动中间继电器 KC2。动合触点 KC2·1、KC2·2 闭合分别启动时间继电器 KT1 和蜂鸣器 HA1，KC2·3 闭合将启动遥信装置，发遥信至中心调度所。

（3）事故信号的复归。时间继电器 KT1 被启动后，其触点 KT1·1 经延时后闭合，将冲击继电器的端子 2 接负电源，冲击继电器 KM1 和 KM2 复归。端子 1 和 3 之间的动合触点断开，中间继电器 KC1 或 KC2 失电，随之蜂鸣器失电，从而实现了音响信号的延时自动复归。此时，整个事故信号电路复归，准备下次动作。按下音响解除按钮 SB，也可实现音响信号的手动复归。

（4）6～10kV 配电装置的事故信号。6～10kV 均为就地控制，当 6～10kV 断路器事故跳闸，同样也要启动事故信号，6～10kV 配电装置设置了两段事故音响信号小母线 7271L、7272L，每段上分别接入一定数量的启动回路。当 7271L 或 7272L 上的任一断路器事故跳闸，事故信号继电器 KCA1 或 KCA2 动作，其动合触点 KCA1·1、KCA2·1 闭合启动冲击继电器 KM1，发出音响信号，KCA1·2、KCA2·2 闭合接通光字牌 H2 或 H3，指明事故发生在Ⅰ段或Ⅱ段。

（5）事故信号的重复动作。当第二台断路器连续事故跳闸，冲击继电器第二次启动，发出音响信号，实现了音响信号的重复动作。

（6）音响信号的试验。为了确保中央事故信号经常处于完好状态，在回路中装设了音响试验按钮 SB1、SB3。按下 SB1 或 SB3，冲击继电器 KM1 或 KM2 启动，蜂鸣器发出音响，再经延时解除音响，从而实现了音响信号的试验。当用 SB3 进行试验时，其动断触点断开遥信装置，以免误发信号。

（7）事故信号回路的监视。当熔断器 FU1 或 FU2 熔断或接触不良时，电源监察继电器 KVS1 线圈失电，其动断触点（预告信号电路中）闭合，点亮光字牌 H1，并启动预告信号电路。

2. 预告信号的动作原理

（1）预告信号的启动。正常时转换开关 S 处于"工作"位置，其触点 13－14，15－16 接通。设备出现不正常的运行状况时，预告信号的启动回路接通，即将正电源 700L＋引至预告信号小母线 709L 和 710L 上 [如图 4-1（b）所示]，再经转换开关 S 触点 13－14、15－16 将冲击继电器接至信号电源小母线 700L＋上，使冲击继电器 KM3 启动。KM3 的动合触点（端子 1-3 之间）闭合，启动时间继电器 KT2。动合触点 KT2 经 0.2～0.3s 的短延时闭合后，启动中间继电器 KC3，继而启动警铃 HA2，发出音响信号。

（2）预告信号的复归。预告信号是利用事故信号电路的 KT1 延时复归。中间继电器 KC3 启动后，其动合触点 KC3·2 闭合启动事故信号回路中的时间继电器 KT1 [如图 4-4（a）所示]。动合触点 KT1·2 延时闭合使冲击继电器 KM3 的端子 2 接正电源而复归，并自动解除音响信号，实现了音响信号的延时自动复归。按下音响解除按钮 SB4，可实现音响信号的手动复归。当故障在 0.2～0.3s 内消失时，由于冲击继电器 KM3 的电阻 R1（图 4-2 中）突然出现了一个电压减量，冲击继电器 KM3 冲击自动复归，从而避免了误发信号。

（3）预告信号回路的监视。预告信号回路的熔断器 FU3、FU4 由熔断器监视继电器 KVS2 监视。正常时，KVS2 线圈带电，其动合触点闭合，白色的熔断器监视灯 HL 点亮。当 FU3、FU4 熔断或接触不良时，KVS2 线圈失电，其动断触点延时闭合，将 HL 切换至闪光小母线 100L（＋）上，使 HL 闪光。正常时熔断器监视灯经专用的熔断器 FU5、FU6 由控制电源小母线 L＋、L－供电，熔断器 FU5、FU6 直接由 HL 监视。

预告信号电路的试验是通过按下试验按钮 SB2 来实现的。

三、BC－4 型冲击继电器构成的事故信号和预告信号电路

（一）BC－4Y、BC－4S 型冲击继电器的内部电路及工作原理

按电流积分原理工作的 BC－4 型冲击继电器是由半导体元件构成，其内部电路图如图 4－5 所示。

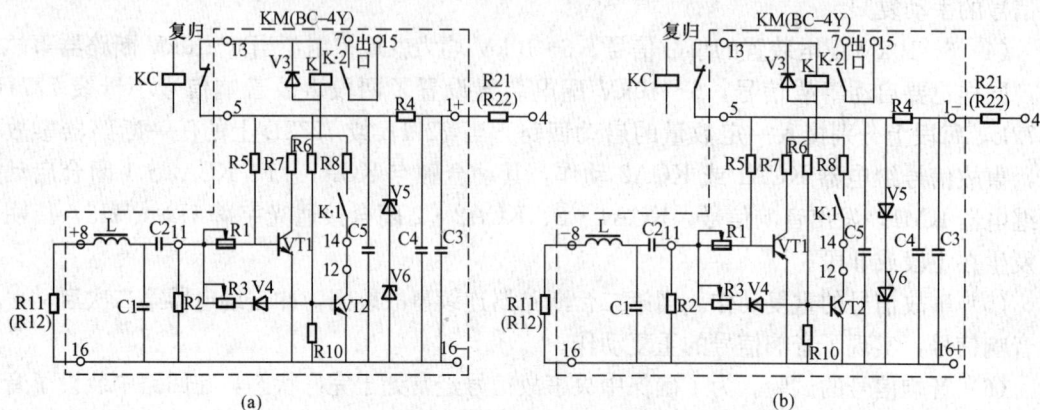

图 4－5　BC－4 型冲击继电器内部电路图
(a) BC－4Y 型；(b) BC－4S 型

BC－4Y 型冲击继电器是利用串接在信号启动回路中的电阻 R11 取得电流信号。当总电流信号平均值增加时，从 R11 两端取得的信号经电感 L 滤波后向电容 C1、C2 充电。由于电容 C1 充电回路的"时间常数"小，充电快，从而电压 U_{C1} 上升快，而 C2 充电回路的"时间常数"大，充电慢，电压 U_{C2} 上升慢。在充电的过程中，电阻 R2 两端出现了电压差（$U_{R2} = U_{C1} - U_{C2}$）。当总电流信号增加到一定数值时，电压差使正常时处于截止的三极管 VT1 导通，启动出口继电器 K。当电容充电过程结束时，两个电容均充电至稳定电压 U_{R11}，则 $U_{R2} = 0$，VT1 截止。但此时出口继电器 K 通过已处于导通状态的三极管 VT2 自保持（VT2 通过电阻 R6、R10 的固定分压，获得正偏压，在此出口继电器 K 的动合触点闭合后，VT2 处于饱和导通），从而实现了冲击继电器的冲击启动。

当总的电流信号减少或消失时，电容 C1、C2 向电阻 R11 放电，电阻 R2 上产生一个与充电过程极性相反的电压差，使三极管 VT2 截止，出口继电器 K 线圈失电而复归，实现了冲击继电器的冲击自动复归。此外，冲击继电器还可进行定时自动复归和手动复归。

BC－4S 型冲击继电器的内部电路图与 BC－4Y 型的主要区别是三极管 VT1、VT2 改为 PNP 管，将发射极接正电源。其工作原理两者相似。

（二）BC－4 型冲击继电器构成的事故信号和预告信号电路

由 BC－4 型冲击继电器构成的事故信号和预告电路如图 4－6 所示。

1．事故信号的动作原理

(1) 事故信号的启动。当断路器发生事故跳闸时，相应事故单元的启动回路接通（708L 接入负电源 700L－），冲击继电器 KM1 利用串接在启动回路中的输入电阻 R11 接收

电流信号，启动 KM1 中的出口继电器 K，动合触点 K·1 闭合实现其自保持；K·2（端子 7 和 15 间）闭合，启动中间继电器 KC1。动合触点 KC1·1 闭后启动蜂鸣器 HA1，发出音响信号。

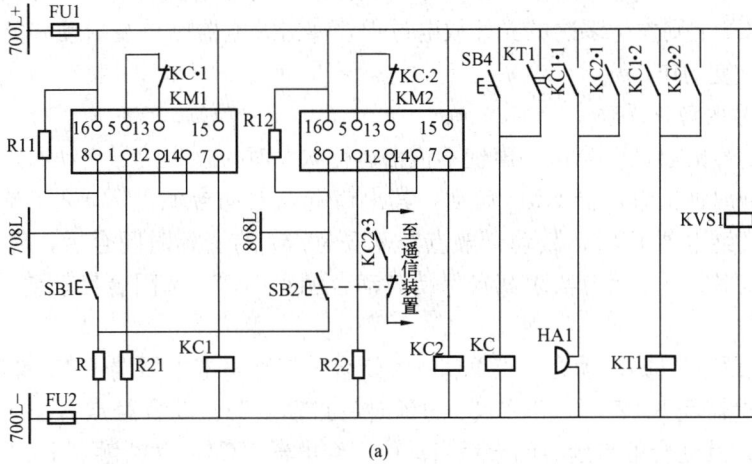

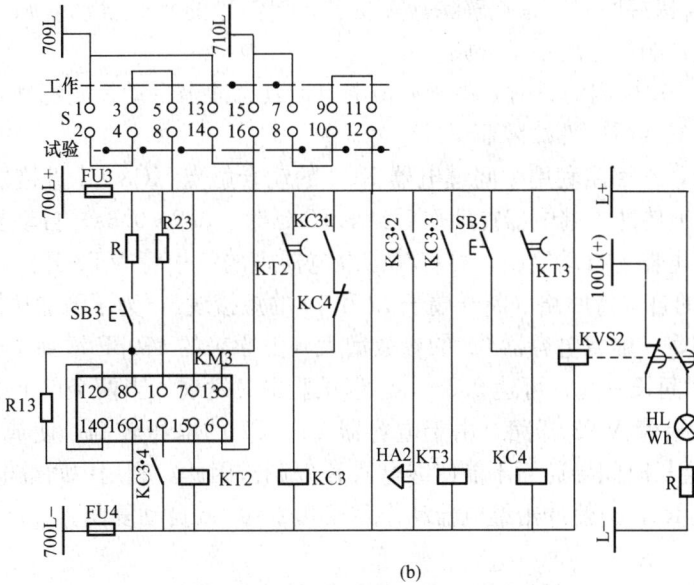

图 4-6 BC-4 型冲击继电器构成的中央信号电路

(a) 事故信号电路（BC-4S 型）；(b) 预告信号电路（BC-4Y 型）

（2）遥信。断路器事故跳闸需要发遥信时，808L 接入负电源 700L-，冲击继电器 KM2 的输入电阻 R12 接收电流信号，启动 KM2 中的出口继电器 K，动合触点 K·1 闭合实现自保持；K·2（端子 7 和 15 间）闭合启动中间继电器 KC2。动合触点 KC2·1 闭合，启动蜂鸣器发出音响信号，KC2·3 闭合接通遥信装置，向中心调度所发出信号。

（3）事故信号的复归。中间继电器 KC1 或 KC2 启动后，动合触点 KC1·2 或 KC2·2 闭合启动时间继电器 KT1，其动合触点经延时闭合启动中间继电器 KC，接在冲击继电器端子 5 与 13 之间的动断触点 KC·1 或 KC·2 断开，使 KM1 或 KM2 中的出口继电器 K 失电复归，冲击继电器复归，音响信号解除，实现了音响信号的延时自动复归。按下音响解除按钮 SB4，即可实现音响信号的手动复归。

（4）事故信号的重复动作。随着事故信号启动回路的连续接通或断开，回路并联电阻值在减少或增大，电阻 R11（或 R12）上的平均电流和平均电压便发生多次阶跃性的递增或递减，电容 C1、C2 上则发生多次的充、放电过程，冲击继电器则重复启动和复归，从而实现了音响信号的重复动作。

2. 预告信号的动作原理

（1）预告信号的启动。当设备出现不正常运行状态时，预告信号启动回路接通，相应的光字牌点亮，同时冲击继电器 KM3 启动，其出口继电器动合触点 K·2（端子 7 和 15 间）闭合，启动时间继电器 KT2，其动合触点经 0.2～0.3s 的短延时闭合后，启动中间继电器 KC3。动合触点 KC3·1 闭合实现其自保持；动合触点 KC3·2 闭合启动警铃 HA2 发出音响信号。

（2）预告信号的复归。动合触点 KC3·4 闭合短接冲击继电器端子 11 和 16 之间的电阻 R2，使冲击继电器经 KT2 的 0.2～0.3s 的延时后自动复归。动合触点 KC3·3 闭合启动时间继电器 KT3，其动合触点延时闭合后启动中间继电器 KC4，动断触点 KC4 断开，切断中间继电器 KC3 的自保持回路，音响解除，实现了音响信号的延时自动复归。按下音响解除按钮 SB5，可实现音响信号的手动复归。

当故障在 0.2～0.3s 内消失时，由于冲击继电器具有冲击自动复归特性，所以故障信号不能发出，避开了某些瞬时性故障而误发信号。

需要说明的是，本回路利用中间继电器 KC3 的动合触点 KC3·4 直接短接冲击继电器 KM3 的电阻 R2，迫使冲击继电器在动作后经 KT2 延时（0.2～0.3s）自动复归。主要原因是：为了使冲击继电器能自动复归，可将冲击继电器中的三极管 VT2 开路，即取消出口继电器 K 通过 VT2 的自保持回路（断开端子 12 和 14 的短接线）。为了增加从信号输入到冲击继电器返回的时间，一般将电容器 C2 的参数增大（由原来的 470pF 增到 1000pF），从而使继电器 K 的接通时间长一些，可达 0.8～1s。但试验中又发现，当两个以上的长脉冲信号同时输入时，即使三极管 VT2 开路，由于电容器 C1、C2 的电压较高，使放电时间仍较长，致使三极管 VT1 会长时间导通而不能使继电器 K 复归。因此，利用中间继电器 KC3 的动合触点直接短接电阻 R2，迫使冲击继电器动作后经 0.2～0.3s 自动复归。

第三节　新型的中央信号系统

以冲击继电器为核心的中央信号系统，它存在以下缺点：

（1）冲击继电器是整个信号系统的核心，音响信号必须通过冲击继电器才能发出。冲击继电器一旦故障，整个信号系统将失灵，影响信号系统的可靠性。

（2）信号的重复动作次数取决于冲击继电器长期热稳定电流。当信号数量较多时，会出现漏发信号或冲击继电器烧坏的现象。

（3）预告信号系统的光字牌无闪光，故同时出现两个以上信号时，先后出现的信号不易分辨。

（4）反映信号不完善，例如全所保护动作只发"掉牌未复归"信号，而且当该信号发出时，要到保护屏上去寻找，延长了事故判断和处理时间。

（5）与微机监控系统连接不方便。一般来说，需要将发出的中央信号信息输入到微机监控系统中。为了获取这些信息，对常规的中央信号系统，需增加大量信号继电器。

因此，目前变、配电所采用的是各种新型的中央信号装置。这些装置由若干模块构成，为积木式结构，形成模块式信号系统。它的主要特点是每个要发出的信号，无论是事故信号还是预告信号，都要先接到一个信号模块上，每个信号模块完成以下功能：

（1）记忆功能。即将输入信号记录下来。

（2）显示功能。即通过灯光显示。

（3）启动音响。

（4）扩展信息，向微机监控系统输出信息。

本节介绍 EXZ-1 型组合式信号报警装置。

一、装置概述

EXZ-1 型组合式信号报警装置在结构上采用组合式结构，有灯光盒和音响盒两种。根据工程需要，可由若干灯光盒和音响盒组成任意规模的中央信号系统。每个灯光盒内有 4 块印刷版，每块版上均可接 4 个信号，并装有继电器、集成电路、阻容元件及指示灯。

该装置在电路设计上，其元器件采用 CMOS 集成电路和小密封继电器，形成有触点和无触点相结合的方式，逻辑电路简单可靠，同时考虑了装置集中自检功能，并提供了与远动、事件记录等装置连接的空接点。音响冲击回路采用电容冲击，克服了原冲击继电器易饱和的缺点，且重复音响路数不受限制。

该装置在一次系统发生事故时，无延时发出 1000Hz 的事故音响，并发出闪光信号；在主设备发生异常时，延时（0~8s 可调）发出与事故信号不同频率的音响信号，且信号灯闪光。此外，装置可实现查灯、音响试验、事故停钟等功能。

二、装置基本工作原理

1. 事故信号

（1）灯光信号。图 4 - 7 为灯光信号逻辑图。

当一次系统出现重大事故，其保护装置出口继电器的触点 K2 闭合，启动本装置的隔离继电器 K1。K1 常开触点闭合后，将 12V 正电压（逻辑回路采用正逻辑形式，"1" 态表示 12V，"0" 态表示 0V）送至与非门 D1 及 D 触发器 D4

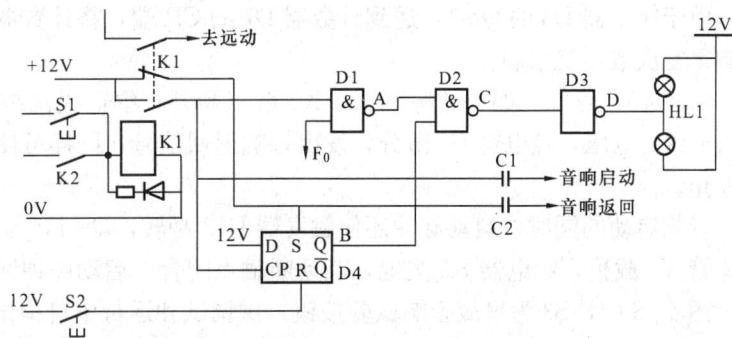

图 4 - 7 灯光信号逻辑图

的 CP 端。D1 的输入端还输入有 1000Hz 左右的高频方波 F_0。此时，经过与非门 D1 后的输出 $A = \overline{1 \cdot F_0} = \overline{F_0}$，而触发器 D4 的 Q 端输出 $B = 1$ 加到与非门 D2 的输入端，C 端输出为 $C = \overline{A \cdot B} = \overline{\overline{F_0} \cdot 1} = F_0$，再经功率反相器 D3 后，$D = \overline{C} = \overline{F_0}$，使信号灯 HL1 以 F_0 频率发出闪光。运行人员已确认故障后，按动平光按钮 S2，使触发器 D4 复位，Q 端为 0，于是

$B=0, C = \overline{A \cdot B} = \overline{F_0 \cdot 0} = 1, D = 0$，信号灯接 0V 稳压电源，信号灯便由闪光转为平光。S1 为查灯按钮，供自检用。

（2）音响信号。图 4-8 为音响信号逻辑图。

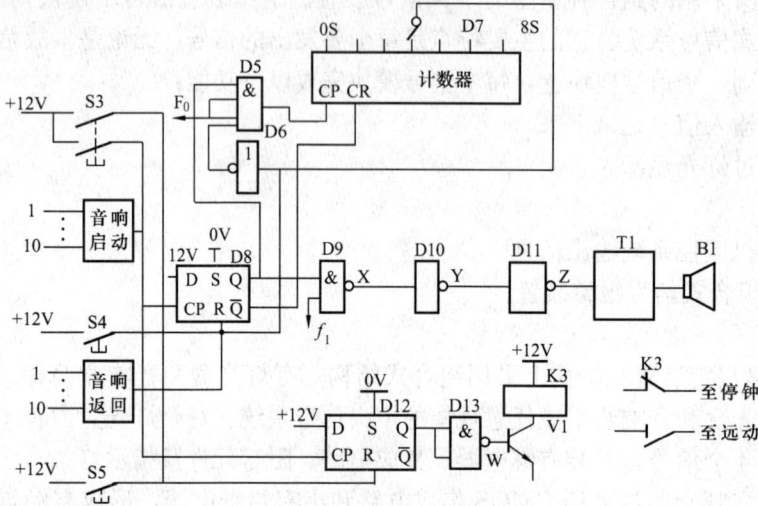

当系统出现重大事故，保护动作启动隔离继电器 K1（见图 4-7），正电压通过已闭合的动合触点 K1，经电容器 C1 产生微分脉冲送到音响信号回路，去启动音响信号装置（见图 4-8）。当启动尖脉冲到达 D 触发器 D8 的 CP 端后，触发器翻转，$Q=1$，"1"电平信号分别接至与非门 D9 和与门 D5。该信号与音响调制信号 f_1 一起输入 D9 并反相后，输出信号 $X = \overline{Q \cdot f_1} = \overline{f_1}$，再经反相器 D10，输出 $Y = \overline{X} = f_1$，又经功率放大器 D11 并反相后，Z 端输出信号 $Z = \overline{Y} = \overline{f_1}$，送至输出变压器 T1，使电喇叭 B1 发出高频音响。于此同时，D8Q 端的"1"电平信号与频率 F_0 的振荡电压同时经与门 D5 输出后，再送入计数器 D7 的 CP 端，使计数器按频率 F_0 开始计数，待计数达到整定时间（1~8s 可调），便输出"1"电平至反相器 D6，从而 D5 即输出"0"电平，使计数器停止计数。同时，计数器输出的"1"电平又输入至触发器 D8 的复位端 R，使输出 $Q=0$。此时，电平变化为 $X = \overline{Q \cdot f_1} = \overline{0 \cdot f_1} = 1, Y=0, Z=1$，输出高电平，立即使音响停止。同时，由于触发器 D8 的 $\overline{Q}=1$，送到计数器 D7 的 CR 端，将计数器清零，准备好下次再动作。音响重复次数不受限制。

由图 4-7 可知，如果故障消失，K2 触点断开；继而隔离继电器 K1 的动断触点闭合，送入 +12V 电压，经电容 C2 微分，发出音响返回信号，同样可使触发器输出 $Q=0$，音响也就停止。

音响启动的同时，启动脉冲还使触发器 D12 翻转，$Q=1$，与非门 D13 的输出 $W=0$，使晶体管 V1 截止，继电器 K3 失电，其动断触点闭合，启动停钟回路，记下故障发生的时间。

图 4-8 中，S3 为事故音响试验按钮，供调试和运行中自检试验之用，S4 为音响复归按钮，S5 为停钟解除按钮。当故障处理完毕后，可将钟核对到正确时间，再按 S5，钟又恢复走时。

2. 预告信号

设备运行中出现危及安全的异常情况时，如变压器过负荷、母线接地、电压回路断线等，便发出预告信号，提醒值班人员注意，进行适当处理。

预告信号也由灯光信号和音响信号组成。其接线及动作原理，与事故信号相同。不同之处仅是音响为延时启动（在 $0\sim8s$ 范围内可调），小于延时的动作信号，便不会发出音响，以免造成误动。另外，音响信号的频率为 f_2，使得预告信号电喇叭发出的响声与事故信号电喇叭的响声不同，便于识别。

正如前面所指出的，目前变、配电所的计算机监控系统功能已远远超过现有的信号系统功能，$35\sim110kV$ 无人值守变电所已完全取消了中央信号系统，新建的 $220\sim500kV$ 变电所中央信号系统也已取消。

第五章　变配电所的同步系统

根据 DL/T 5136—2001《火力发电厂、变电所二次接线设计技术规程》的规定"电力系统内需要经常解列、并列的变电所主控制室应装设带有闭锁的手动准同步装置或捕捉同步装置。但是由于电力网络的不断发展，电源点之间的联系越来越紧密，需要经常进行解列、并列的变电所越来越少。"因此，在 110kV 及以下变电所一般不考虑同步问题，220～500kV 变电所，应根据变电所在电力系统中的位置、电力系统的调度管理要求来确定是否装设同步系统。本章首先介绍常规变配电所的同步系统接线以及同步装置，在此基础上介绍微机式的同步装置。

第一节　概　　述

在需要装设同步系统的变电所，同步系统应按以下原则来实现。

（1）同步并列方式及并列条件。目前电力系统有准同步和自同步并列两种方式。变电所一般采用准同步并列方式。并列的条件是待并两侧系统电压相等；频率相同；电压相角相等。采用的同步装置是带闭锁的手动同步装置或捕捉同步装置。而目前新建变配电所均采用微机同步装置。

（2）同步点的设置。在变电所诸多断路器中，只有断路器断开后两侧电压来自不同电源时，该断路器才须经同步装置进行同步并列操作进行合闸。这些断路器称为同步点。同步点应装设在：①系统联络线上；②三绕组变压器的各电源侧；③220、500kV 母线分段、母线联络、旁路断路器；④$1\frac{1}{2}$ 断路器接线的各断路器。

（3）同步系统的接线方式。由于电压互感器二次绕组接地方式及同步装置型式的不同，同步系统有三相和单相两种接线方式。为简化接线，变电所的同步系统应采用单相接线方式。

第二节　同步系统的接线

在准同步并列操作时，需要检测同步电压是否满足并列条件。同步电压是同步点（断路器）两侧电压经过电压互感器变换和二次回路切换后的交流电压。为了全站配有一套同步装置，需要把同步电压引到同步电压小母线上。所以，通常把同步电压小母线上的二次电压称为同步电压。整个同步系统由两部分组成：①同步电压引入部分，它向同步电压小母线提供同步电压；②进行同步并列操作的手动准同步装置和捕捉同步装置，它所需的同步电压取自同步电压小母线。

一、单相同步系统的同步电压引入方式

同步电压的引入与变电所的电气主接线、同步点的设置、电压互感器的二次侧接地方

式、中性点接地方式有关。单相同步系统接线的特点是同步电压取待并和运行系统的单相电压（相电压或线电压）和公用接地相，相应的同步装置为单相式。

由于变电所电压互感器二次侧接地方式一般为中性点直接接地，变电所各个典型同步点的同步电压的引入方式及相应的相量图如表 5-1 所示。

表 5-1　　　　　　　　　　　单相接线同步电压的引入方式及相量图

同步点	运行系统	待并系统	说　明
中性点直接接地系统间母线联络断路器	（相量图：U'、V'、W'、N）	（相量图：U、V、W、N）	利用电压互感器辅助二次绕组（开口三角形绕组）的 W 相电压 $\dot{U}_{W'N}$ 和 $\dot{U}_{WN}$
中性点直接接地系统线路间断路器	（相量图：W'、N）	（相量图：W、N）	利用电压互感器辅助二次绕组（开口三角形绕组）的 W 相电压 $\dot{U}_{W'N}$ 和 $\dot{U}_{WN}$
YNd11 变压器两侧断路器	（相量图：W'、N）	（相量图：U、V、W、N）	运行系统（一次高压星形侧）取母线电压互感器辅助二次绕组的 W 相电压 $\dot{U}_{W'N}$；待并系统（二次低压三角形侧）取电压互感器二次绕组线电压 $\dot{U}_{WV}$。但 $\dot{U}_{WV}$ 无接地点，需增设 100V/100V 隔离变压器，在其二次侧 V 相接地
中性点非直接接地系统线路断路器	（相量图：U'、V'、W'）	（相量图：U、V、W）	运行系统取线路侧接在相间的电压互感器二次绕组线电压 $\dot{U}_{W'V'}$，V 相接地；待并系统取母线电压互感器二次绕组线电压 $\dot{U}_{WV}$ 并经隔离变压器后 V 相接地

二、同步系统接线

1. 220kV 变电所同步系统接线

图 5-1 示出了某 220kV 降压变电所同步系统图。

（1）主变压器高压侧断路器同步电压引入。当利用变电所主变压器高压侧断路器 QF1 进行同步并列时，运行系统侧（一次高压星形侧）同步电压由母线电压互感器 TV1 或 TV2 的辅助二次绕组 W 相电压引至电压小母线 630L3 或 640L3，经隔离开关 QS1 或 QS2 的辅助触点，再经同步开关 SS1 的触点引至同步电压小母线 620L3′，待并系统侧（二次低压三角形侧）同步电压由母线电压互感器 TV3 二次绕组三相电压引至电压小母线 650L1、650L2、650L3，经同步开关 SS1 触点引至隔离电压小母线 L1、L2、L3，再经 100V/100V 隔离变压器 T1（二次绕组 V 相接地）引出线电压 U_{VW} 至同步电压小母线 610L3。

电压互感器的 N 相接地点均引至电压小母线 600LN，该电压小母线经同步开关触点引至同步装置的公共电压小母线 600L0 上。

（2）母联断路器同步电压的引入，当利用母联断路器 QF2 进行同步并列时，其运行和待并系统两侧同步电压都是由母线电压互感器 TV1 和 TV2 的辅助二次绕组 W 相电压引至电压小母线 630L3、640L3，分别经隔离开关 QS3、QS4 的辅助触点、同步开关 SS2 两对触

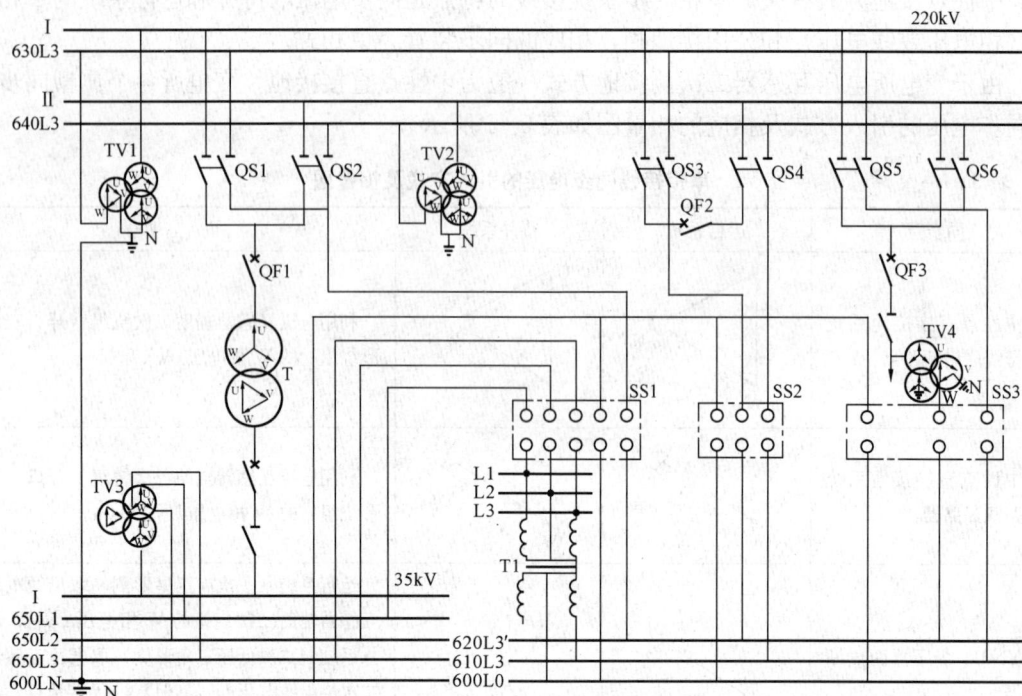

图 5-1　220kV 降压变电所同步系统图

点引至同步小母线 620L3′、610L3 上。

（3）出线断路器同步电压的引入。当利用线路断路器 QF3 进行同步并列时，运行系统侧同步电压由线路电压互感器 TV4 的辅助二次 W 相电压经同步开关 SS3 触点引至同步小母线 620L3′，待并系统侧同步电压由母线电压互感器 TV1 和 TV2 辅助二次绕组 W 相电压引至电压小母线 630L3、640L3，分别经隔离开关 QS5 或 QS6 辅助触点、同步开关 SS3 触点引至同步电压小母线 610L3 上。

2. 500kV 变电所同步系统接线

500kV 变电所 500kV 母线一般采用 $1\frac{1}{2}$ 接线形式。图 5-2 示出 $1\frac{1}{2}$ 接线形式的同步系统接线。为了运行操作方便，图 5-2 中的全部断路器均为同步点，其同步电压取得方法有两种，一种为近区优先法，另一种为简化法。

当线路（或变压器进线侧）装有隔离开关，并且电压互感器装在隔离开关外侧时，一般采用近区优先法较灵活，但同步电压回路需要串接较多中间继电器的触点，所以接线较复杂。

当线路（或变压器进线侧）不装设隔离开关或电压互感器装在隔离开关的内侧时，一般采用简化法，其引入方式如图 5-2 所示。

图 5-2 中，电压互感器均采用中性点（N）接地。同步电压取自断路器两侧电压互感器辅助二次绕组 W 相电压。当馈线 1 检修时，引接的两台断路器 QF11 和 QF10 均断开，待检修完毕后，利用 QF11 或 QF10 将馈线 1 同步并列。若利用 QF11 进行并列，线路侧同步电压是 TV11 的辅助二次绕组 W 相电压，经同步开关 SS11 的触点 25－27 引至同步电压小母线 610L3 上，作为待并系统电压；母线侧同步电压是 TV1 的辅助二次绕组 W 相电压，经同

步开关 SS1 的触点 13-15 引至同步电压小母线 620L3′ 上，作为系统电压。

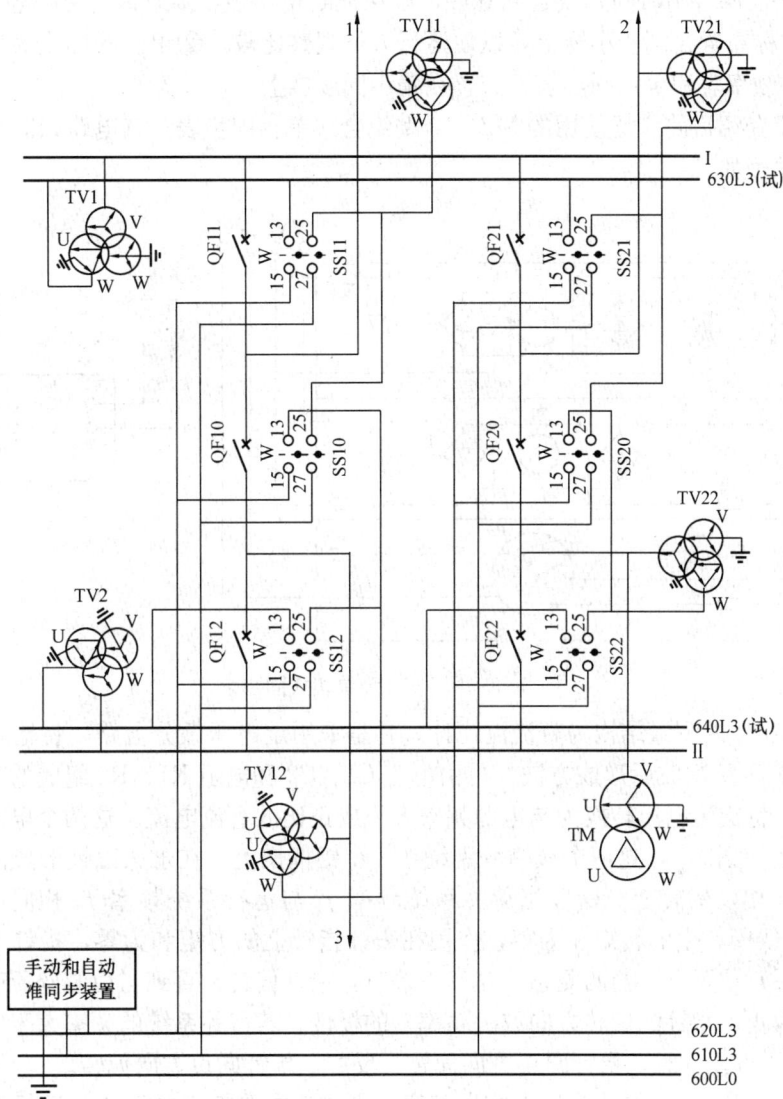

图 5-2 $1\frac{1}{2}$ 断路器同步电压的引入

第三节 同 步 装 置

一、手动准同步装置

手动准同步装置是由同步测量表计、同步监察继电器和相应的转换开关组成。

（一）同步测量表计

为了检查待并系统和运行系统准同步并列的三个条件，需要用同步测量表计来比较两个系统的电压、频率和相位。同步测量表计有 2 种型式。①分散式仪表，它有 2 只电压表，分别测量待并系统和运行系统的电压；2 只频率表，分别测量待并系统和运行系统的频率；1

只同步表，用来观察待并系统和运行系统的滑差和相角差，并选择合适的越前时间（此越前时间等于断路器的合闸时间）发合闸脉冲，以保证断路器触点接通瞬间两侧电压的相位差为零。5 只表对称布置在同步小屏上，以便运行人员观察比较。②组合式同步表，它包括 1 只电压表、1 只频率表和 1 只同步表，布置在集中同步屏上。

　　下面主要介绍目前广泛使用的 MZ-10 型组合式单相同步表。其电路如图 5-3 所示，现说明其工作原理如下：

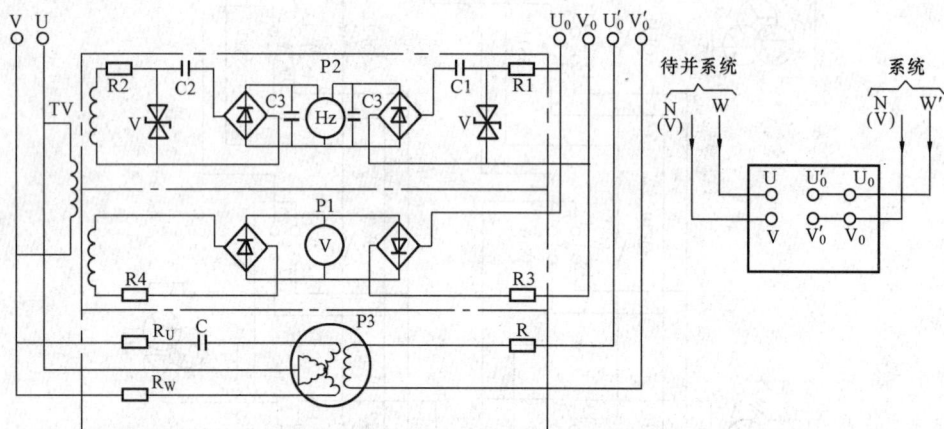

图 5-3　MZ-10 型单相式同步表

　　频率差表 P1 的测量结构为直流流比计。它是采用定电压微分电路，将输入的两个正弦波电压经稳压管 V 削波后形成方波，再由电容 C1、C2 和电阻 R1、R2 组成的微分电路及桥式整流电路，将交流电压转换为与电源频率大小成正比的直流电流。这两个电流分别流入流比计 Hz 的两个线圈中，这两个线圈分别绕在一个铝框架上，在永久磁铁形成的固定磁场里产生两个方向相反的转矩。所以当待并系统频率 f_f 与运行系统频率 f_x 相同，即 $f_s = f_f - f_x = 0$ 时，两线圈产生的转矩和为零，作用在表计指针上的力矩和为零，指针不偏转，而停留在零（水平）位置上。当两侧系统频率不等时，指针偏转，直到与由游丝所产生的反作用力矩相平衡为止。指针的偏转方向取决频率差的极性，若待并系统的频率大于运行系统的频率，即 $f_s = f_f - f_x > 0$ 时，指针向正方向偏转，反之，指针向负方向偏转。

　　电压差表 P2 的测量结构为磁电式微安表，由整流电路将待并系统和运行系统的交流电压分别整流后转换为直流电流，流入微安表进行比较。当两侧系统电压相等，即两电压幅值（或有效值）之差 $\Delta U = U_f - U_x = 0$ 时，回路电流相同，指针不偏转，而停留在零（水平）位置。当两侧系统电压不相等，回路电流不平衡时，指针偏转。若待并系统电压大于运行系统电压，即 $\Delta U = U_f - U_x > 0$，指针向正方向偏转，反之，则向负方向偏转。

　　同步表 P3 为电磁式无机械力矩的流比计结构，它有两个交叉的固定线圈（空间夹角为 60°）和一个单相励磁线圈。U、V 两相电压引入同步表线圈前，先经外电路电容—电阻裂相，将 U、V 两相电压分裂成三相电压，通过适当选择 RU、RV、RW 的数值，使其产生一个椭圆的旋转磁场，可动的单相励磁线圈接入运行系统线电压，产生一个正弦的脉动磁场。当单相励磁线圈在磁性最强时（脉动磁场幅值达最大值），总是力图与旋转磁场的磁极轴线方向保持一致。当待并系统和运行系统完全同步，即两侧频率相等，相位相同时，脉动磁场为最大值瞬间，单相励磁线圈带动指针停留在旋转磁场的磁极轴线上。由于两侧频率相同，脉动磁场交变一次，旋转磁场正好旋转一周；又因两侧相位相同，所以脉动磁场达最大值的空间位置和旋转磁场的位置将固定不变，表明单相励磁线圈带动指针停留在同一位置上，这个位置称为同步表的同步点。同步点用红线标志在同步表 P3 的表盘上。当待并系统和运行系统频率相等而相位不等时，例如待并系统电压 $\dot{U}_f$ 相角滞后于运行系统电压 $\dot{U}_x$ 的角度 δ，指针将按顺时针方向偏离同步点一个 δ 角。同理，当 $\dot{U}_f$ 相角超前于 $\dot{U}_x$ 的角度为 δ 时，指针按逆时针方向偏离同步点 δ 角。当待并系统和运行系统频率不等时，单相励磁线圈的脉动磁场交变一次，旋转磁场不是正好一周，因而指针不可能停留在一个固定位置。此时，单相励磁线圈按旋转磁场长轴旋转方向（旋转磁场为椭圆形磁场，其中长轴方向磁场磁性最强）旋转。若待并系统频率高于运行系统频率时，则脉动磁场交变一次，旋转磁场按长轴旋转方向转了一圈多，可动单相励磁线圈带着指针偏离同步点一个角度，等到下一个周期又要在刚才的位置再偏离一个角度。实际上，这个过程是连续的，从表盘上，指针向逆时针方向旋转。同理，若待并系统频率低于运行系统频率时，指针按顺时针方向旋转。

当同步过程有"粗略同步"和"精确同步"之分时，U_0、V_0 接"粗略同步"回路，U_0'、V_0' 接"精确同步"回路。当同步过程不分粗、细时，则 U_0 与 U_0'、V_0 与 V_0' 相连接。

（二）同步监察继电器

为了避免在较大相角差下合闸而造成非同步合闸，在手动准同步装置中一般装有同步监察继电器。它的结构及运行特性如图 5 - 4 所示。

同步监察继电器的结构和一般电磁型电压继电器相同。当同步系统为单相接线时，它的两个线圈分别接在运行系统电压 $\dot{U}_{w'v}$ 和待并系统电压 $\dot{U}_{wv}$ 上，且其极性相反，如图 5 - 4（a）所示。在图 5 - 4（a）中，两线圈的合成磁通与两个电压 $\dot{U}_{wv}$ 和 $\dot{U}_{w'v}$ 之差 $\Delta\dot{U}$ 成正比。在 $\dot{U}_{wv}$ 和 $\dot{U}_{w'v}$ 幅值相等的情况下，若 $\dot{U}_{wv}$ 和 $\dot{U}_{w'v}$ 相位相同时，压差等于零，合成磁通为零，继电器转矩为零（转矩与合成磁通平方成正比），继电器不动作；若两电压相位不相同（$\delta \neq 0$）或频率不相等（δ 随时间变化，即由于频率不等，它们之间的滑差角频率 $\omega_s = 2\pi f_s$ 不等于零，相当于 $\dot{U}_x = \dot{U}_{w'v}$ 不动，而 $\dot{U}_f = \dot{U}_{wv}$ 围绕着 $\dot{U}_x$ 旋转，使得相角差 δ 不断随时间而变化）时，则电压差 $\Delta\dot{U}$ 与 δ 的大小有关。为深入讨论继电器的动作特性，压差幅值 ΔU 为

$$\Delta U = 2U_{wv}\sin\frac{\delta}{2} \tag{5-1}$$

当 ΔU 等于继电器的动作电压 U_{S2} 时，继电器开始动作，其动断触点断开。此时的相角差为继电器的动作角 δ_{dz}。根据式（5 - 1）得

$$\delta_{dz} = 2\sin^{-1}\left(\frac{U_{S2}}{2U_{wv}}\right) \tag{5-2}$$

相角差 δ 大于 δ_{dz} 时，继电器仍处于动作状态，如图 5 - 4（c）所示。当 δ 大于 $180°$ 向 $360°$ 趋近时，ΔU 减小。当 ΔU 等于继电器的返回电压 U_{S1} 时，继电器开始返回，其动断触点闭合。此时的相角差为继电器的返回角 δ_f，即

$$\delta_f = 2\sin^{-1}\left(\frac{U_{S1}}{2U_{wv}}\right) \tag{5-3}$$

可见，δ 在 $0°\sim360°$ 的变化区域内，继电器动作、返回各一次。图 5 - 4（d）中的 1 点至 2 点是返回区域，所对应的时间用 t_f 表示，则在该时间内，继电器动断触点闭合，为允许同步合闸时间。

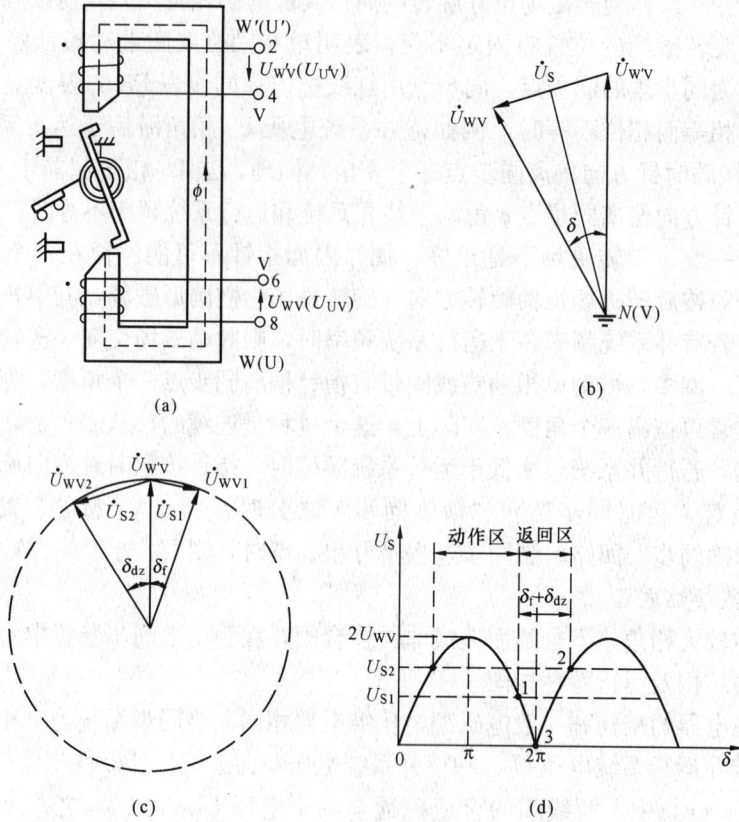

图 5-4　同期监察继电器的结构及运行特性（以单相接线为例）
(a) 结构示意图；(b) 相量图；(c) 继电器动作特性；
(d) 正弦整步电压 U_S 与相角差的关系

（三）手动准同步电路

手动准同步装置分集中手动准同步和分散手动准同步两种方式。变电所宜采用集中同步方式，将组合式同步表、同步开关、闭锁开关等集中同步设备集中装设在中央信号屏或拼块式控制屏的中间位置。

在变电所中，用手动同步装置进行并列操作时，是由操作人员与同步指示仪表配合进行的。两个待同步系统的电压、频率、相位差由同步表监视。合闸脉冲由操作人员操作控制开关发出。在同步操作时，首先通过调度指示，使两待同步系统的电压和频率差在允许的范围之内。操作人员再根据同步表的指针和断路器的合闸时间，选定一个合适的提前角发出合闸脉冲，从而使断路器的主触头闭合时，两待同步系统的电压、相位差接近于零。

需要指出的是，由于在变电所内不能对两待同步系统的电压和频率进行调节，当需要调节时，需通过调度联系，由电厂侧进行调节，所以手动同步操作时间长，操作复杂，要求操作人员要有一定的操作经验，注意力集中，反应快。

变电所手动准同步装置电路如图 5-5 所示。

(1) 手动准同步的测量。如图 5-5 所示，在手动准同步电压回路中，手动准同步开关 SSM1 有"断开"、"粗略"、"精确"三个位置。平时置于"断开"位置，组合式同步表 P 退出运行，在进行手动准同步并列之初，将 SSM1 置于"粗略"位置，其触点 2-4、8-6、

10-12 接通，将 P 中的电压差表和频率差表接入同步小母线上。当两侧频率和电压调节至满足并列条件，准备同步并列时，再将 SSM1 置于"精确"位置，其触点 1-3、5-7、9-11、17-19、21-23 接通，将 P 中的电压差表、频率差表和同步表都接入同步小母线上。运行人员根据同步表的指示，确定发出合闸脉冲的时刻。当同步表的指针快要到达同步点之前的某一整定超前相角时，立刻发出合闸脉冲，使待并系统并入运行系统。

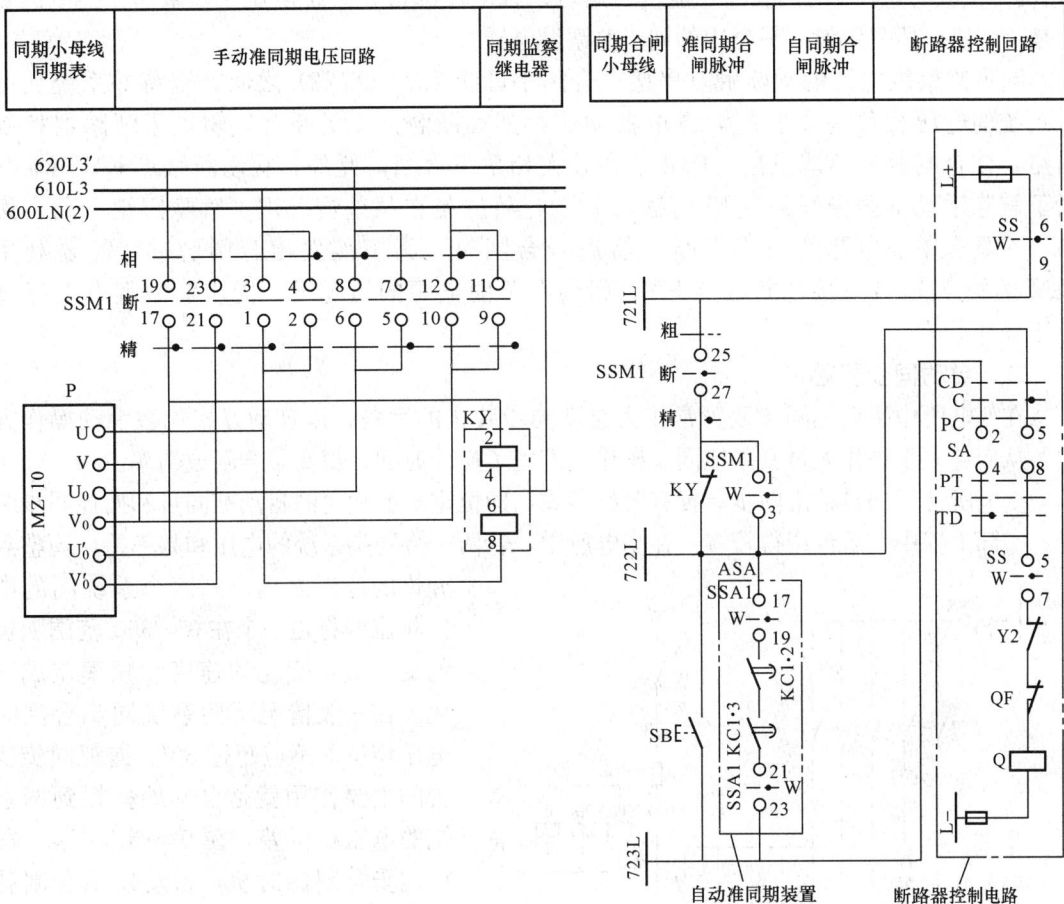

图 5-5　手动准同步装置电路

（2）同步断路器的合闸。同步点断路器的合闸回路都经过自身的同步开关 SS 触点加以控制。同步合闸时，将同步开关 SS 置于"投入（W）"位置，其触点 1-3、5-7 接通。合闸小母线 721L 经 SS 触点 1-3 从控制小母线 L+ 取得正电源。在频率差和电压差满足并列条件时，将手动准同步开关 SSM1 置于"精确"位置，其触点 25-27 接通，若此时同步监察继电器 KY 处于返回状态，其动断触点闭合，则合闸小母线 722L 经 SSM1 触点 25-27、动断触点 KY 取得正电源。当采用集中手动准同步方式并列时，按下集中同步合闸按钮 SB，合闸小母线 723L 也取得正电源。因断路器未用控制开关 SA 进行合闸操作，SA 为"跳后"位置，其触点 2-4 接通。断路器的控制回路由 723L 经 SA 触点 2-4、SS 触点 5-7、断路器跳闸线圈动断触点 Y2、断路器辅助动断触点 QF、合闸接触器线圈 Q 至 L- 接通，启动合闸接触器，发出合闸脉冲；当采用分散手动准同步并列时，将控制开关 SA 置于合闸位置，触点 5—8 接通，断路器的控制回路由 722L 经触点 5—8、SS 触点 5—7、断路器动断触点 Y2、断路器辅助动断触点 QF、合闸接触器 Q 至 L—接通，发出合闸脉冲。

（3）手动准同步的闭锁。在手动准同步回路中，利用同步监察继电器 KY 可防止断路器在较大相角差下误合闸。KY 的交流回路受手动准同步开关 SSM1 的控制，即只有 SSM1 为"精确"位置时，KY 的两线圈才能接于运行系统电压和待并系统电压上。采用此接线的目的是为了使全所只装设一只公用的同步监察继电器。

同步监察继电器的动断触点串接在合闸小母线 721L、722L 之间。当待并系统和运行系统的电压相角差大于 δ_{dz}，继电器动作，其动断触点 KY 断开，闭锁了断路器控制回路，使合闸脉冲不能发出，防止了在较大相角下合闸。此外，在动断触点 KY 两端并联了解除手动准同步开关 SSM 的触点 1—3，目的是在某些情况下，解除闭锁回路。例如，对具有单侧电源的同步点断路器进行合闸时，为了能发出合闸脉冲，需要利用 SSM 的触点 1—3 短接动断触点 KY。因为在单侧电源的情况下，同步监察继电器一直处于动作状态。

二、自动同步装置

在变电所中手动准同步装置常作为自动同步装置的后备，以自动方式代替手动操作方式，从而免去了操作人员紧张地同步操作，缩短了操作时间，提高了合闸成功率。

变电所常用的自动准同步装置有两种型式，即恒定导前相角的自动准同步和捕捉同步装置。实际工程中，后者用得较多。在变电所中，若两个待同步系统的电压和频率差，调整到允许的范围之内，则两个系统间的电压相位差将是一个在 0°～360°范围随机的变化量，变化的速度和频率差成正比。在一般情况下两系统同步合闸时电压相位差不应超过 30°。捕捉同步装置的主要作用就是自动地捕捉到两系统的电压相位差，在 0°～±30°这一段可同步合闸的时机，自动发出合闸脉冲，使两个待同步系统进行同步合闸。

常用的捕捉同步装置有两种，即由电磁继电器构成的同步装置和由晶体管或微机构成的同步装置。下面介绍它们的工作原理。

（一）电磁型捕捉装置

图 5-6 示出电磁型捕捉装置的电路图，图 5-7 示出其工作原理动作分析图。

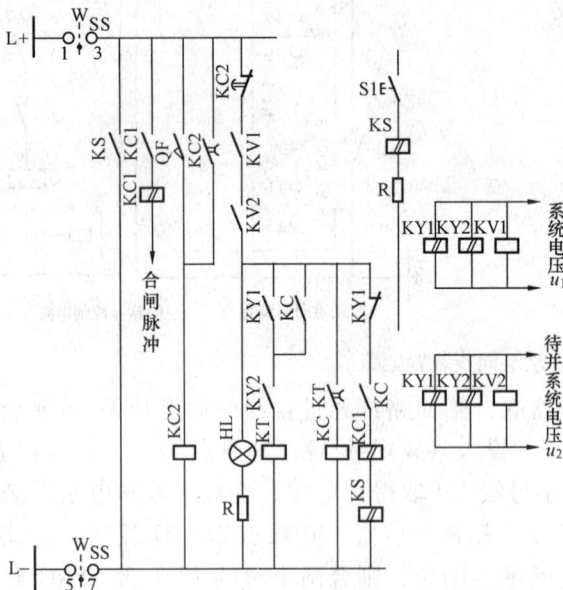

图 5-6　电磁型捕捉装置电路

装置由频差测量、合闸提前角选择、电压差闭锁和多次合闸闭锁回路等组成。

1. 频率差测量回路

频率差测量回路由同步检查继电器 KY1 和 KY2 及时间继电器 KT 组成。KY1 接在

0°区复归，KY2 接在 180°区复归（图 5-7 的弧 AOD 为 0°区，弧 BπC 为 180°区）。KT 的动作区为弧 AB 和弧 CD。以系统电压 u_1 为参考，即 u_1 固定于 0°点，待并系统电压 u_2 沿圆周以两电压系统的角速度之差 $\omega_1 - \omega_2$ 而旋转。当 u_2 达到 A 点进入 AB 区时，KY1 和 KY2 动合触点同时接通，KT 启动；当 u_2 过 B 点进入 BC 区时，KY2 复归，KT 失电复归；当 u_2 过 C 点进入 CD 区时，KY1 和 KY2 又同时接通，KT 重新启动；当 u_2 过 D 点进入 DA 区时，KY1 复归，KT 又失电复归。因此，两系统

图 5-7　电磁型捕捉同步动作原理分析图

的频率差（即滑差）可用 u_2 从 A 到 B 所需的时间来测量，滑差越大此时间就越短。把 KT 整定在某一时间定值，当 KT 触点动作就表示滑差已小于某一滑差定值。反之，则表示滑差已越过此定值。

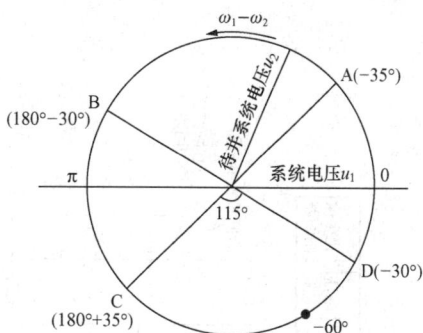

2. 合闸提前角选择回路

合闸提前角选择回路，即合闸启动回路，由时间继电器 KT 和 KY1 触点及中间继电器 KC、合闸继电器 KC1 组成。当滑差小于某一定值时，KT 触点延时闭合启动 KC，KC 的一对动合触点闭合使 KT 自保持，另一对触点延时闭合启动合闸继电器 KC1 和信号继电器 KS 准备好合闸启动的条件。当待并系统电压 u_2 到达 D 点，KY1 复归，动断触点闭合，立即使 KC1 电压线圈带电而发出同步合闸的脉冲。断路器 QF 经固有合闸时间 t_h 后主触头接通，其接通瞬间两电压系统之间的电压夹角应不大于某一定的角度。

为了避免滑差速度不均匀造成的误差，频率差测量最后阶段的滑差速度，即测量 CD 间的时间而不用 AB 间的时间为判据。上述目的是通过 KT 的启动回路中 KC 触点与 KY1 触点并联后再与 KY2 触点串联达到的。

3. 电压监视回路

电压监视回路是由接在运行系统和待并系统上的电压继电器 KV1 和 KV2 组成。KV1、KV2 动合触点串联，当两系统任一电压低于各自的额定电压的 0.7~0.8 时，KV1 和 KV2 触点断开，将捕捉同步装置闭锁。

4. 多次合闸闭锁回路

捕捉同步装置只允许断路器进行一次同步合闸操作。在断路器合闸后，其辅助动合触点 QF 闭合，启动闭锁继电器 KC2，其一对动合触点延时闭合自保持，又一对动断触点延时断开，切断时间继电器线圈回路，其动合触点延时断开，中间继电器 KC 失电，闭锁合闸继电器 KC1，防止多次合闸。下次投入该装置时，要把同步开关 SS 断开，使闭锁继电器 KC2 返回，准备下次使用。

（二）晶体管型捕捉同步装置

图 5-8 示出 ZTB-1 型晶体管型同步捕捉装置的电路图。

ZTB-1 型晶体管捕捉同步装置由相位角差测量回路、频率差测量回路、合闸导前角选定回路、电压差和低电压闭锁回路、防止多次合闸闭锁回路、电源回路等六个部分组成。各部分工作原理分别叙述如下。

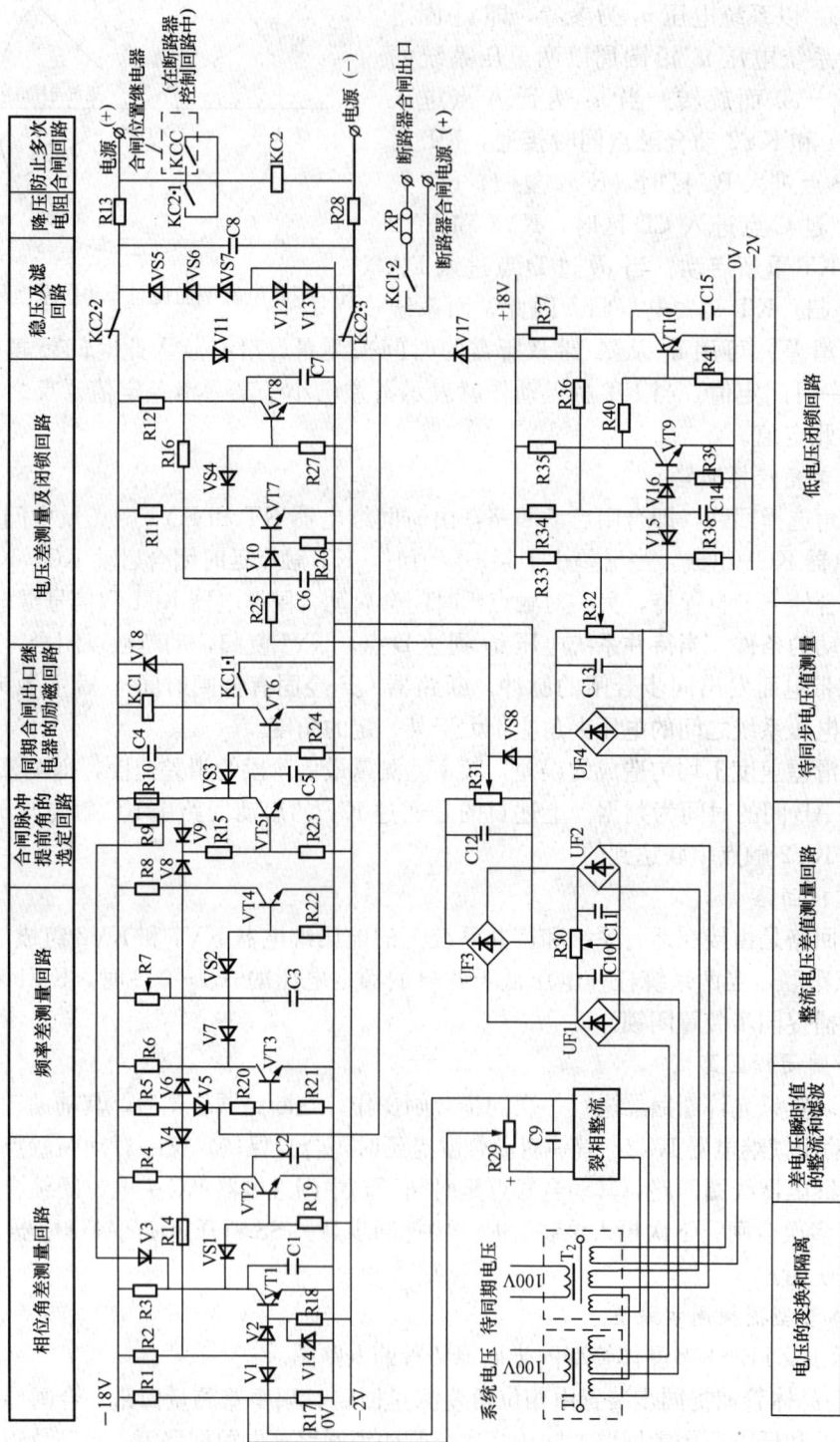

图 5-8 ZTB-1 型捕捉同步装置原理接线图

1. 相位角差测量回路

由变压器 T1、T2，裂相整流，滤波电路及 2 个三极管 VT1 和 VT2 组成的零指示器构成。两个待同步系统的电压分别加在变压器 T1 和 T2 的一次侧。变压器 T1 和 T2 的二次侧采用差式接法，差电压经整流后输出直流电压 U_d。通过分析可以知道，该直流电压是两待同步系统的电压相位差的正弦函数。将 U_d 加到由三极管 VT1 和 VT2 构成的零指示器的输入端，当 U_d 大于零指示器的门槛电压时，零指示器翻转（三极管 VT1 截止），否则，不翻转。这样，零指示器是否翻转就能间接地反应两系统间的电压相位差是否大于某一给定值。

2. 频率差测量回路

频率差测量是由三极管 VT3、VT4、电位器 R7、电容器 C3 构成的充电式时间电路组成。零指示器的输出取决于两待同步系统的电压相位差，见图 5 - 7 所示。如在 θ_A 处，零指示器翻转，三极管 VT3 截止，电容器 C3 开始充电，θ_B 处三极管 VT3 导通，电容器 C3 放电。三极管 VT4 是否能导通取决于电容器 C3 两端的充电电压是否能使稳压管 VS2 击穿，若 VS2 击穿，则三极管 VT4 导通。而 C3 两端充电电压的大小又与充电时间有关，这样三极管 VT4 导通就说明相位由 θ_A 变到 θ_B 的时间大于给定值，即频率差小于某一给定值。

3. 合闸导前角选定回路

导前角选定回路由三极管 VT1、VT5 和 VT6 构成。三极管 VT5 的基极回路由二极管 V8 和 V9 构成一个与门电路。当频率差小于给定值时，三极管 VT4 导通，并通过二极管 V6 自保持。在导通状态，三极管 VT5 因其基极通过电阻 R9 和二极管 V9 获得正电位而处于导通状态。如图 5 - 7 所示，当 U_2 经 D 点进入 DOA 区时，因相位差小于给定值，三极管 VT1 导通，三极管 VT5 因不能通过二极管 V9 获得正电位而处于截止状态，这就致使三极管 VT6 导通，继电器 KC1 动作发出合闸脉冲。三极管 VT1 导通时对应的两待同步系统电压间的相角差，即是合闸的导前角。

4. 电压差闭锁及低电压闭锁回路

电压差闭锁主要由变压器 T1、T2 的第三绕组，整流桥 UF1、UF2、UF3，三极管 VT7、VT8 构成。当待同步两系统电压值差超过允许值（额定电压的 $10\% \sim 20\%$），整流桥 UF3 的输出电压使三极管 VT7 导通，三极管 VT8 截止，正电位通过二极管 V11 加到三极管 VT3 的基极上，使其导通，电容器 C3 放电，合闸脉冲不能发出。

当系统电压低于允许值时，整流桥 UF4 的输出使三极管 VT9 导通，VT10 截止，正电位通过二极管 V17 使三极管 VT3 导通，合闸脉冲不能发出。

5. 防止多次合闸的闭锁回路

闭锁回路由闭锁继电器 KC2 和断路器的辅助触点（或合闸位置继电器）构成。当断路器合闸后，动合触点闭合，闭锁继电器 KC2 启动并自保持，其动断触点断开装置的正电源。在装置下次使用前通过同步开关，使闭锁继电器 KC2 失电，装置恢复正常运行。

6. 直流电源

直流电源回路由降压电阻、稳压管、抗干扰电容等元件构成。装置逻辑电路的工作电压为 $+18$、0、$-2V$。直流供电回路电压可采用直流 220、110、48V。

三、微机型自动准同步装置

常规的电磁式或晶体管式自动准同步装置具有以下缺陷：

（1）由于电路原理的缺陷造成导前时间不稳定，同步速度慢而不能实现精确快速同步。

（2）由于温度、湿度等环境条件及元件老化造成元件参数漂移不稳定。

上述缺陷给系统带来了很大危害。而基于数字和逻辑运算的微型计算机，可以用数学模型描述任何物理过程。微机型自动准同步装置正是可以通过描述同步过程的数学模型快速、精确地求解同步操作的各种问题，如导前时间问题、均频均压控制问题，捕捉第一次并网时机问题等，消除了模拟式同步装置带来的问题。

（一）微机型同步装置的基本功能

前已述及，同步装置必须严格按准同步的三要素来设计，即应在待并侧与系统侧的电压差及频率差满足要求的前提下，确保相角差为零时将发电机平滑地并入电网。更确切地讲，应在压差及频差满足要求时，捕获第一次出现的零相差，将发电机并入电网。微机型自动准同步装置在精确捕捉同步时机、均频、均压控制等方面都具有优越的功能。具体功能如下：

1. 能适应 TV 的不同相别和电压值

并列点断路器两侧的 TV 二次绕组电压是同步装置的输入信号源，同步装置应能任意取用 TV 不同的相别和不同的电压值。也就是说同步装置可以不依赖外部转角电路和相电压及线电压的转换电路。这将大大简化二次线的设计工作量及同步接线。这一功能也使得人们能正确给定两 TV 二次绕组电压的实际额定值，而且可任意选择 TV 二次绕组电压的额定值是 $100\mathrm{V}$ 或 $\frac{100}{\sqrt{3}}\mathrm{V}$。

2. 应有良好的均频与均压控制品质

同步装置的均频与均压控制应具备自适应的控制品质。它们应根据频差和压差的绝对偏差及其变化率随时调整控制力度，以期快速且平滑地使偏差值达到整定范围。此外，在断路器合闸瞬间，由于存在着频差和压差，必然会出现在系统间有功功率和无功功率的交换，功率的流向是由频率和电压高的那一侧流入频率和电压低的这一侧。而对此侧电源来讲，就输入了逆功率，危及电源系统。因此同步装置在实施控制时应能设置成不产生逆功率的控制方式。

3. 应确保在相差为零度时同步

在同步的三个条件中，压差及频差的存在虽然会产生同步时的短暂功率交换，但不大的差值对发电机而言并不是很可怕的，毕竟发电机在设计其结构时就能够适应在运行中经受负荷突减或突增的冲击。然后对于同步时的相角差却应倍加注意，相角差的存在，意味着在同步瞬间，发电机定子所产生的电磁转矩在极短的时段内要强迫转子纵向磁轴与其取向一致。不难想象一个数百吨重的转子在很短时段内立即旋转一个相当于相差的电角度会产生巨大的机械转矩冲击，这会导致发电机转子绕组及轴系的机械损伤。这种冲击有时甚至会引起电气系统和转子轴系机械系统出现扭振，扭振所产生的破坏有时是惊人的。

4. 应不失时机的捕获第一次出现的同步时机

同步装置必须在算法上确保能捕获第一次出现的同步时机，以确保快速同步。同步快速性的重要意义不仅在事故情况下显得很重要，同时也能获得良好的经济性。尤其是在变电所不能进行均压、均频控制，能处于捕捉同步并网状态，这点尤为重要。

5. 应具备低压和高压闭锁功能

系统事故会引发电压下降和升高，TV 断线或熔断器会导致同步装置误判，此时都应使同步装置进入闭锁状态，以避免产生后果严重的误同步。

6. 应能及时消除同步过程中的同频状态

同步装置在差频并网时，两侧系统频率相同或很相近时是不能并网的，即使此时相角差保持在零度也不能同步。原理很简单，一旦同步装置发出合闸脉冲后相角差又拉大了，就会造成大的冲击。因此，同步装置在检测到并列点两侧电压同频时必须控制电源调速器，破坏当前的同频状态。一般应进行加速控制，以免同步时出现逆有功功率。

7. 应具备接入变电所微机监控系统（SNCS）的通信功能

SNCS 系统已成为变电所实现自动化的重要方式，所有被控设备都配备有与之相应的控制器，这些控制器在物理上分散到各被控设备旁，各控制器独立完成对生产过程的特定控制功能并与上位计算机保持上传下达的通信任务。自动准同步装置就应是这种控制器的角色，它通过现场总线与上位计算机相连。上位机可根据工艺流程启动或退出同步装置，并在同步过程中获取必要的信息构造生动的画面，使远在集控室的值班员能监视同步的全过程。

8. 应能自动在线测量并列点断路器合闸回路动作时间

恒定导前时间是自动准同步装置的重要整定值，它关系到同步时的冲击大小。仅靠断路器检修时所测得的数据是不准确的，因随着断路器运行时间的加长，其数值会发生变化。而且导前时间还应包含合闸回路中其他环节（如中间继电器、接触器等）的动作时间。因此，同步装置具有在线测量合闸回路动作时间就尤为重要。

9. 应赋予更多便于设计和使用的功能

为便于设计和使用，同步装置应增加以下功能。

（1）自动转角功能。同步接线设计的一个重要问题就是同步点选择，选择的原则是并列点断路器两侧 TV 的二次绕组电压应能正确反映一次回路电压的相位关系。如果找不到合适的电压（相序和电压相同），则需要增设转角变压器。微机同步装置应自动完成转角功能。

（2）复合同步表功能。同步装置应提供同步中压差、频差及相角差的明确显示，使运行人员能清晰监视同步操作的进程。这种显示能便于了解装置的工作状态，甚至在特殊情况下要起到同步表的作用。

（3）调试校验功能。同步装置的调试和校验是维修人员最关心的一项工作，以往需要配备工频信号发生器、频率表、相位表等仪器设备才能调试，而微机同步装置可以内置精确的信号源和提供电量的测试读数，这一功能把装置的智能化程度提到一个更高的水平。

（4）检查外接电路的功能。同步装置在现场的接线正确与否关系到装置是否能投入正常运行，为了方便对外电路的检验，同步装置应具备通过外接端子排进行检查外部接线的功能。

（5）提供录波的相关电量。同步装置并网质量的鉴别方法一般是从录波进行分析，因此同步装置应能提供相关电量供录波之用。主要电量是脉振电压和装置合闸出口继电器的空触点。

（二）微机型同步装置的基本原理

系统并网可分为差频并网和同频并网两种模式。差频并网要求在同步点断路器两侧的压差和频差满足整定值的情况下，捕捉到第一次出现零相角差时完成断路器合闸。同频并网是同步点断路器两侧为同一系统，具有相同的频率，但存在压差和相角差，检测功角小于整定角度且压差满足要求时，控制断路器合闸。微机型自动准同步装置具有实现差频和同频并网的两种功能，它首先判断并网模式（即差频还是同频），如为差频时则按差频并网方式处理；

当判断为同频时，则按同频并网方式处理。它的原理框图如图 5-9 所示，整个装置由以下 7 部分组成。

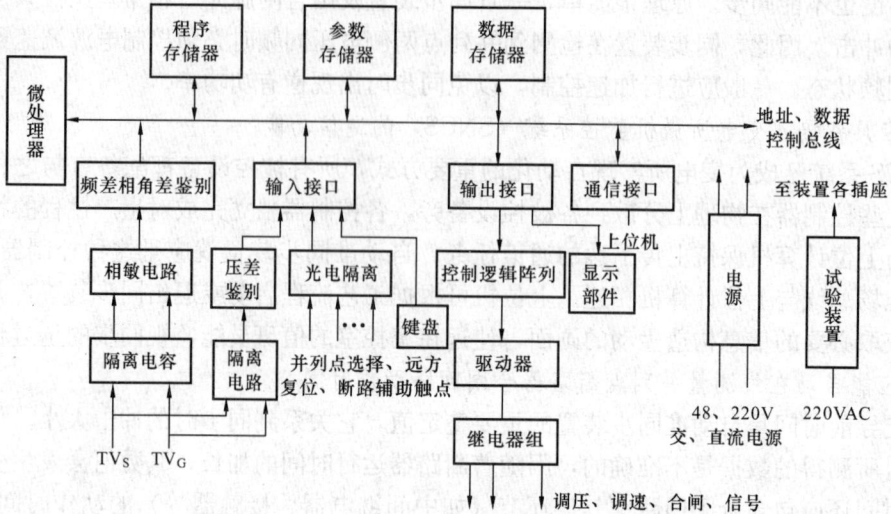

图 5-9 微机自动同步装置的原理框图

1. 微计算机

由单片机、存储器及相应的输入/输出接口电路构成。同步装置运行程序存放在程序存储器（只读存储器 EPROM）中，同步参数整定值存放在参数存储器（电可擦存储器 EEP-ROM）中。装置运行过程中的采样数据、计算中间结果及最终结果存放在数据存储器（静态随机存储器 RAM）中。输入/输出接口电路为可编程并行接口，用以采集并列点选择信号、远方复位信号、断路器辅助触点信号、键盘信号、压差越限信号等开关量，并控制输出继电器实现调压、调速、合闸、报警等功能。

2. 频差、相角差鉴别电路

频差、相角差鉴别电路用以从外界输入装置的两侧 TV 二次电压中提取与相角差有关的量，进而实现对准同步三要素中频差及相角差的检查，以确定是否符合同步条件。且其测量值作为调频调压的依据。

来自并列点断路器两侧 TV_S 及 TV_G 的二次电压经过隔离电路后通过相敏电路将正弦波转换为相同周期的矩形波，通过频差、相角差鉴别电路对矩形波电压的过零点检测，获取计算待并系统及运行系统侧的频率 f_G、f_S 的信息，进而获得频差 Δf_D、角频率差 ω_D。

3. 压差鉴别电路

压差鉴别电路用以从外部输入装置的 TV_S 及 TV_G 两电压互感器二次侧电压中提取压差超出整定值的数值及极性信号，进而实现压差值及极性的检查，且其测量值作为调压的依据。

4. 输入电路

自动准同步装置的输入信号除并列点两侧的 TV 二次电压外还要输入如下开关量信号：

（1）并列点选择信号。在确定即将执行并网的并列点后，首先要通过控制台上每个并列点的同步开关（或由上位机控制的相应继电器）从同步装置的并列点选择输入端送入一个开关量信号，这样同步装置接入后（或复位后）即会从参数存储器中调出相应的整定值（如导前时间、允许频差、压差等），进行并网条件检测。

（2）断路器辅助触点信号。并列点断路器辅助触点是用来实时测量断路器合闸时间（含中间继电器动作时间）的，同步装置的导前时间整定值越是接近断路器的实际合闸时间，并网时的相角差就越小。在同步装置发出合闸命令的同时，即启动内部的一个毫秒计时器，直到装置回收到断路器辅助触点的变位信号后停止计时，这个计时值即为断路器合闸时间。当然，断路器主触头的动作不一定和辅助触点同步。此时可通过同步瞬间并列点两侧电压的突变这一信息精确计算出断路器合闸时间。

（3）远方复位信号。"复位"是使微机从头再执行程序的一项操作，同步装置在自检或工作过程中如果出现硬件、软件问题或受干扰都可能导致出错或死机。此时可通过按一下装置面板上的复位按钮或设在控制台上的远方复位按钮使装置复位。如果装置的干扰为短暂的，则装置继续工作，如果装置故障，复位后，仍出错或死机。此外同步装置在上次完成并网后，程序进入循环显示断路器合闸时间状态，如果要其再次启动，则需进行一次"复位"操作，直到接到一次复位命令后才又重新开始新一轮的并网操作。

（4）面板的按键及拨码开关。同步装置面板上装有若干按键和开关，分别实现均压功能、均频功能、同步点选择、参数整定、频率显示以及外接信号源类型。

5. 输出电路

微机自动准同步装置的输出电路有以下 4 类。

（1）控制输出。控制命令由加速、减速、升压、降压、合闸、同步闭锁等继电器执行，同步闭锁继电器是进行装置试验时闭锁合闸回路的。

（2）信号输出。装置异常及失电信号报警是由继电器发出，同步装置的任何软件和硬件故障都将启动报警继电器动作，触发中央音响信号，具体故障类别同时在同步装置的显示器上显示。

（3）录波输出。为了评价同步装置参数整定值设置的正确性，需要在同步装置并网过程中进行录波，脉振电压及同步装置合闸出口继电器触点能最确切的描述并网过程。因此，这两个电量是同步装置供录波用的输出量。

（4）显示输出。同步装置面板上有两个显示部件，一个是指示并网过程的相角差变化，也反映滑差的极性和大小的同步表；一个是显示参数整定值、频差及压差越限状况、出错信息、并列系统频率等。

6. 电源

自动准同步装置使用专门设计的广域交直流两用高频开关电源。电源可由 48～250V 交直流电源供电。装置内部因电路隔离的需要，使用了若干个不共地的直流电源。选择并列点的外部同步开关触点（或继电器触点），取用由装置中的一个不与其他电源共地的直流电压作驱动光电隔离器的电源，以免产生干扰。

7. 试验装置

为便于自动准同步装置的试验，提供了专用的试验开发装置，或装置内部自带试验模块，其功能如下：

（1）产生模拟待并侧及系统侧 TV 二次电压的信号。

（2）有多路模拟多个并列点同步开关触点的同步点选择开关。

（3）由多个按键组成的控制键盘可实现设置或修改同步参数整定值；修改并列点断路器

编号；检查同步装置的全部开关、按键、数码管、发光二极管、继电器、同步表是否正常。

（三）SID-2T 型线路微机准同步装置

变电所线路的并列不仅有差频并网，也有同频并网的可能。SID-2T 是适合两种并网方式的自动准同步装置，装置的原理框图（见图 5-9）及工作原理前已述及。下面就装置的软件流程及二次电路进行介绍。

1. 软件流程

SID-2T 的软件流程如图 5-10 所示。

（1）主程序。如图 5-10 所示，装置接入后（或装置在带电状态接到复位命令后）CPU 工作，首先进行装置的主要部件自检，如出错，将在 8 位数码显示器上显示出错部位信息，并启动报警继电器报警。如各部件正常，则检测工作/设置开关 W/T 的状态，如检测到一个特定的并列点信号，则打开定时中断程序，装置进入同步工作状态。如在自检后检测到 W/T 开关在参数设置的"T"状态，则程序转向查整定参数的 KG 及 KP 按键状态，KG 键每闭合一次，就自动调出下一个待整定参数，KP 键每闭合一次就将待整定参数值增加一个分度值。如检测为工作状态 W，则检测外部各并列点同步开关（或由上位机控制的继电器）送来的并列点选择信号，如无并列点选择信号或选择信号多于一个，则显示器显示出错信息并报警，此时在显示器上交替显示并列点出错信息和系统侧频率值。

（2）定时中断子程序。由于同步装置在并网过程中必须在准同步的三个条件中，压差及频差达到允许值时才能去捕获第三个条件，即相角差为零的时机。因此装置需要及时地检测压差及频差，尽量在某个时刻压差及频差已满足要求，程序已进入捕获零相角差的过程中，也可能又再次出现压差或频差超过允许值的情况，此时装置必须再重新检测压差及频差，以确保在三个条件都同时满足时才进行并网操作。因此，同步装置的并网程序采用定时中断的方式进行。

在主程序进入"工作"方式后即打开定时中断子程序。程序的起始部分是根据外部输入 TV 信号经变换后提取频差、压差及相角差的信息，进而计算出 Δf、Δu 及 ϕ，如果系统侧的 TV 二次电压低于整定的低压闭锁值，表明可能是 TV 二次断线或熔断丝熔断，或 TV 一次电压本身就很低，这都不适合于并网。因此，装置将报警并停止执行并网程序。如并列点两侧的 TV 二次电压均高于整定的低压闭锁值，则装置面板上由软件驱动的相位表将按滑差角频率旋转，并判别当前的电网是同频还是差频并网。如果差频并网，程序进入检查 Δf 和 Δu 是否越限程序段。如任一项或两项都越限，则装置显示压差及频差的越限提示符，等待发电厂调整。如 Δf 和 Δu 均在允许范围内，程序下一步将检查断路器两侧是否同频（$\Delta f \leqslant 0.05$Hz），如出现同频，装置等待发电机加速，以破坏同频的僵持状态，促成同步条件的出现。在 Δf 和 Δu 均满足要求后，程序准备进入并网阶段，测量当前的相角差 ϕ。如 ϕ 处在 $0°\sim180°$ 区间，则不存在并网机会，直到 ϕ 进入 $180°\sim0°$ 区间，就开始检查频差变化率 $\dfrac{\mathrm{d}\Delta f}{\mathrm{d}t}$ 是否越限。如未越限，程序进行理想导前角 ϕ_{dq} 的计算，并不断查看当前相角差 ϕ 是否与 ϕ_{dq} 一致，如出现 $\phi = \phi_{dq}$，即 $\Delta\phi = \phi - \phi_{dq} = 0$ 时，可发出合闸命令，确保在 $\phi = 0°$ 时断路器主触头闭合。如 $\Delta\phi \neq 0$，则进行合闸时机的预测，当预测的时刻到来即发出命令实行并网。这样就能确保捕捉到第一次出现的合闸机会，使并网速度达到极值。如果是同频并网，则只要压差和相角差在允许值内即可合闸，否则处于等待状态。发出合闸脉冲后，装置将进行合闸回路

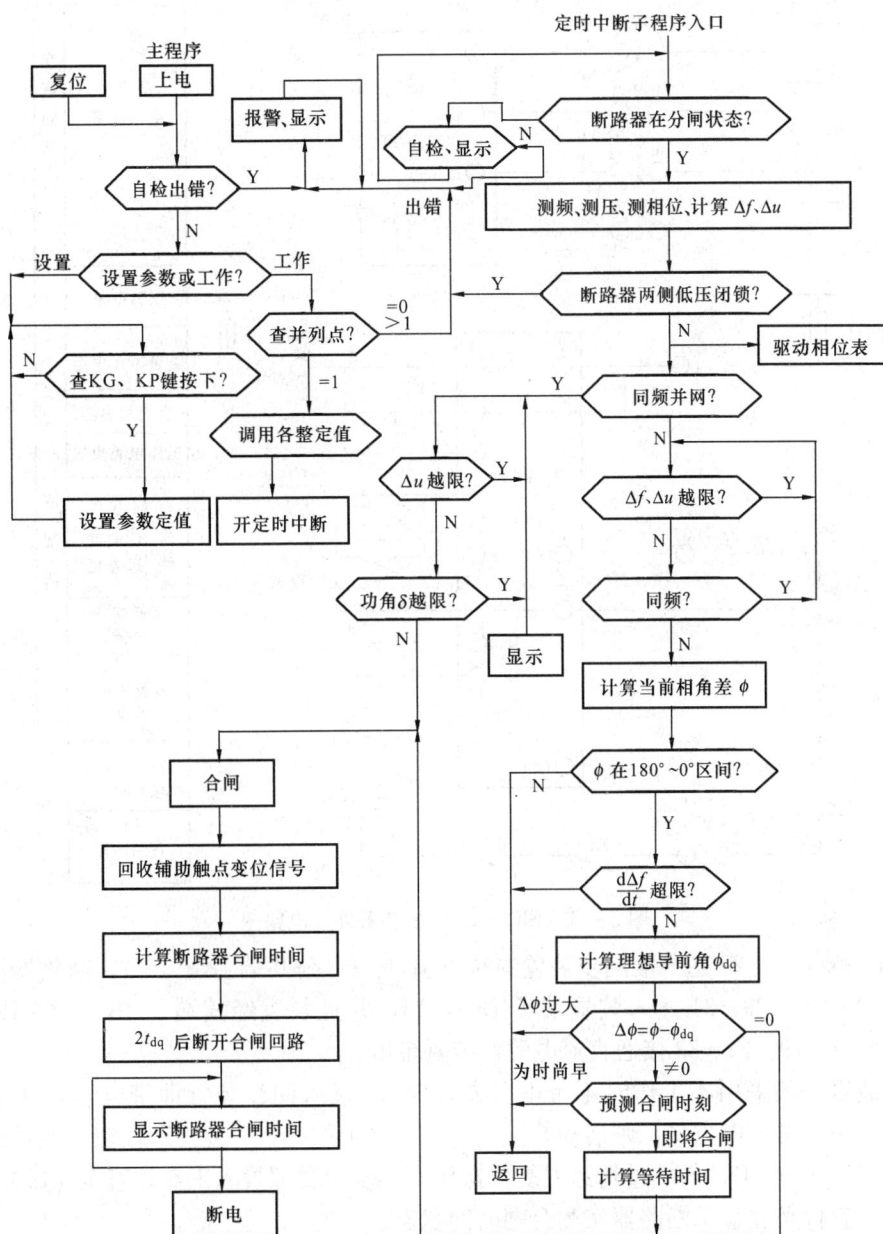

图 5-10　SID-2T 软件流程图

的动作时间的计算，并显示。

2. 二次回路

SID-2T 的二次电路如图 5-11 所示，其工作原理如下。

(1) 交流电压回路。将自动准同步开关 SSA1（也可以是上位机控制的继电器组）置于"投入（W）"位置，并列点断路器两侧的 TV 二次电压（W 相）经 SSA1 触点 1-3，5-7，9-11，13-15 送入准同步装置的端子 JK3-3，JK3-4，JK3-5，JK3-6。

(2) 直流控制回路。SSA1 开关投入，在 TV 二次电压送入装置的同时，并列点选择信

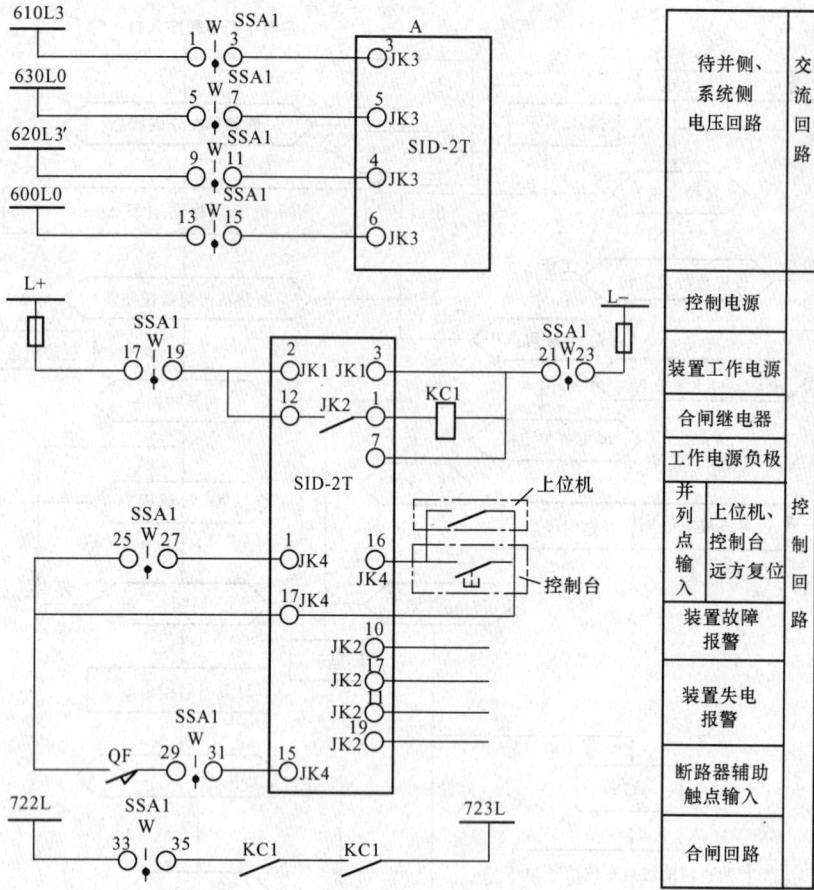

图 5-11　SID-2T 同步装置外部电路图

号经 SSA1 触点 25-27 送入准同步装置的端子 JK4-1（公共端 JK4-17），断路器辅助触点信号经 SSA1 触点 29-31 送入装置端子 JK4-15，并且装置经其端子 JK1-2，JK1-3 与 SSA1 触点 17-19，21-23 接通直流电源，装置带电。

同步装置一般采用不工作时不带电方式，SSA1 投入同步装置即带电，并立即执行程序。如果采用经常带电方式，则启动装置应通过面板上按一下"复位"按钮，或在远方上位机经端子 JK4-16、JK4-17 进行远方复位操作，同步装置即投入工作，直至完成并网操作，此时装置一直停留在显示断路器实测合闸时间状态。

当装置发出合闸脉冲后（JK2 之间动合触点 12-1 闭合），启动中间继电器 KC1，其常开触点接通断路器合闸回路，断路器合闸。

第六章　变配电所微机监控及其综合自动化系统

变配电所微机监控及综合自动化系统是随着计算机技术不断发展，及其在电力系统中不断深入应运而生的新技术，它综合考虑了控制、监视、测量、保护、远动及自动装置，形成一体化系统。

综合自动化采用模块化、分布式开放结构，以确保控制保护功能的可靠性及可升级性。这种结构是以微机为基础，根据系统控制的概念，融合了控制技术、计算机技术、转换技术、通信技术、图形显示技术等实现集中管理，分布控制。综合自动化自动与强电一对一控制系统相比，具有可靠性高，操作灵活方便，易于控制，基本不需维护，运行人员劳动强度低，具有远传功能等特点，而且综合造价相差不大。综合自动化系统是目前变配电所的最佳选择。

本章介绍了变配电所微机监控及综合自动化的组成结构和工作原理，并结合工程实例对综合自动化系统进行了介绍。

第一节　微机监控与综合自动化系统基本构成

一、变电所的监控系统

变电所的二次回路对一次回路进行控制、测量、调节和保护，实际上是对一次回路进行变换、传输和处理信息的过程。图6-1为变电所的信息流程图。它由保护及调节系统和监控系统两部分组成。

保护和调节系统如图6-1中虚线所示。在此系统中，变电所一次系统的信息（电流、电压、功率及一次设备的工作状态）通过电流互感器、电压互感器变换后送至继电保护和自动装置，由继电保护和自动装置对一次系统进行保护和调节。

监控系统如图6-1中实线所示。在此系统中，经电流互感器、电压互感器获得的一次信息及继电保护和自动装置产生的二次信息（如继电保护和自动装置动作情况、二次回路的完好性等）经测量仪表和信号装置变成人的感官所能接受的信号形式（如仪表指示、声、光等），运行人员收到这些信息后经分析判断并作出处理的决定，再由人工操作各种控制开关，发出各种控制命令，作用

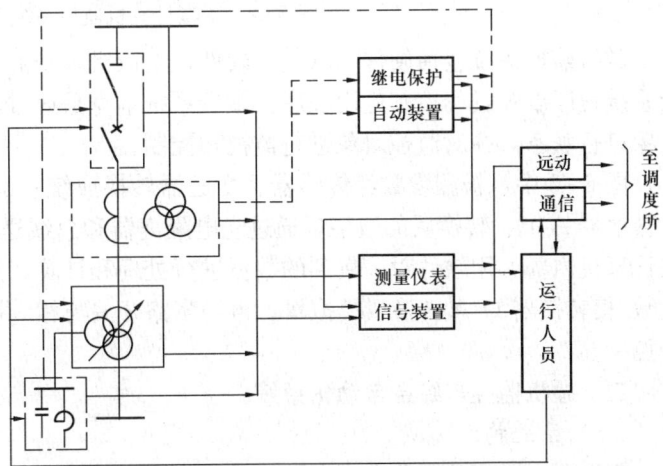

图6-1　变电所的信息流程图

于一次系统。

从图 6-1 可以看出，现有的监控系统有以下缺点：

（1）人作为监控系统的核心进行信息处理，不可避免地要出现错误的判断和处理，因而使现有的监控系统的准确性和可靠性不高。

（2）测量仪表和常规的信号装置进行信息变换，不可避免地存在误差，如测量仪表指示与被测量之间的误差；人观察仪表的误差；音响和灯光信号不能准确表明事故发生的时间、顺序等，因而不能正确地处理事故和全面了解一次设备运行情况。

（3）现有监控系统的信息是通过控制电缆用强电传输的，因而使得传输通道功率损耗大，传输费用高，不利于远距离传输。

对大型变电所，需要监视和处理的信息量多；线路传输的容量大；主控制室与配电装置距离远等，使得上述缺点更加突出。而微机监控系统解决了上述问题，并使监控系统更完善、更准确、更可靠。

目前，微型计算机监控系统已在我国变、配电所的监控系统中投入使用。微型计算机监控系统（简称微机监控系统）由微型计算机系统（以下简称微机或主机）和监控对象（即生产过程）两大部分组成，其框图见图 6-2。

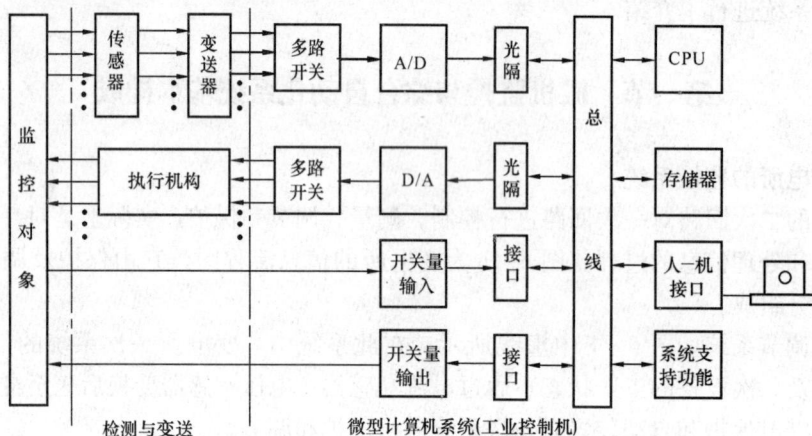

图 6-2　微型计算机监控系统框图

微机监控系统包括硬件和软件。硬件是指微机本身的各器件、外围设备及总线。软件是指系统程序以及过程控制应用程序。微机系统本身是通过总线和各种接口及外围设备与监控对象进行联系，并对监控对象进行监视和控制。

图 6-2 中，被测参数经传感器、变送器转换成统一的标准信号，再经多路开关送到模数转换器 A/D，转换后的数字量通过光电隔离器和总线送入微机，这就是模拟量输入通道。在计算机内部，用软件对采集到的数据进行处理和计算，然后经输出通道将输出的数字量通过数/模转换器 D/A 转换成模拟量，再经多路开关与相应执行机构相连，以便对被测参数进行控制。

二、微机监控与综合自动化系统

（一）系统构成

变电所中应用分层分布式多微机系统完成一次设备监视、控制、中央信号、数据采集、时间顺序记录和屏幕显示、打印等功能，这种自动化系统称微机监控系统。在微机监控系统的基础上，介入微机保护、自动装置，承担整个变电所信息处理、与上一级调度通信及全部监控、中央信号和保护自动化的功能。这种测控、保护一体化的综合系统称为变电所综合自动化系统。变电所微机监控及综合自动化系统的基本构成如图6-3所示。该系统为分层分布式、多CPU的体系结构，整个变电所分为三层，即变电所层、单元层（或称间隔层）和设备层，通过总线连接成一个整体，每层由不同设备或不同的子系统组成，完成不同的功能。

　　第一层设备层主要指变电所所属单位内的变压器和断路器、隔离开关及其辅助触点，电流、电压互感器等一次设备。单元层本身是一个两级系统结构。各种数据采集、设备控制、线路变压器保护由各种不同的单元装置完成，并通过数据采集控制机、保护管理机分别对上述各单元进行管理，然后集中由数据采集控制机和保护管理机与变电所层通信。对中小型变电所，也可不设数采控制机或保护管理机，上述各独立单元装置直接通过总线与变电所层通信。

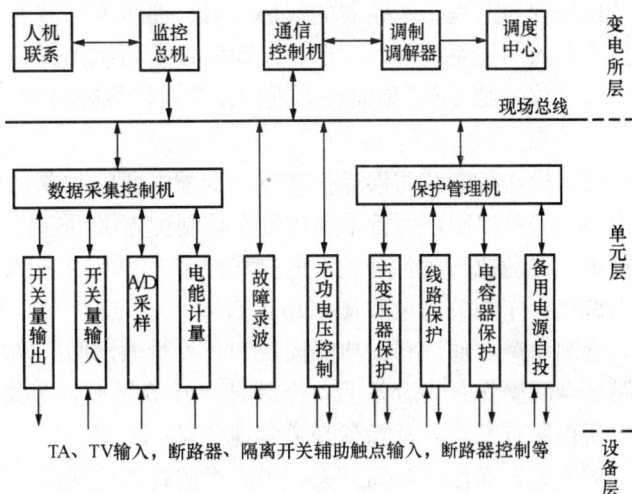

图6-3　变电站综合自动化系统框图

　　变电所层包括全所性的监控主机、远动通信机（较少数据也可不设）等，通过现场总线与数据采集控制机、保护管理机通信。在无人值班变电所主要负责与调度中心的通信，实现RTU功能，完成四遥任务；在有人值班变电所还可通过人机联系，完成当地的显示、制表、打印、开关操作等功能。

　　（二）工作原理

　　变电所综合自动化系统工作流程是：①由单元层实时采集设备层的数字量和开关量信息。数字量由数据采集模块采集的模拟量（电气与非电气）输入信号经离散化和模数转换后得到；开关量即二进制（1、0）信号，如断路器的开与合、电度脉冲量等信号，它们由开关量采集模块采集并经电平变换、隔离处理而得到。②上述信息由单元层的管理机通过数据总线不断送到监控主机，存放在监控主机的存储器或数据库中，并隔一定周期将数据刷新。③监控主机根据这些数据按预定程序进行实时计算、分析、处理和逻辑判断，确定一次系统是否正常运行或发生故障，一旦一次系统故障，则发出相应报警和显示，并发出执行命令，使继电保护和自动装置动作，对设备进行控制和调节。与此同时，监控主机与调度中心通信，实现变电所远动终端的四遥功能。

　　（三）基本功能

　　1. 监控系统功能

　　依靠监控主机、通信处理机、总线系统和人机联系设备，并在有关系统和远动调度中心的协调配合下，实现以下功能。

（1）对一次设备与变电所主电路进行监视与参数测量。

1）收集并获得全所主设备各种经处理运算后的模拟量并进行运行监视，包括线路、主变压器的各种被测量电流、有功功率、无功功率、母线电压、系统频率（必要时）、以及电流、电压上下限量值，在正常运行（必要时）、异常情况下和越限时，启动打印机打印输出和 CRT 显示上述有关参数。

2）收集并获取全所主设备运行的开关量并进行运行监视，包括各种断路器、隔离开关的变位处理与监视、断路器的气体压力、油压等的监视。利用系统中实时开关量状态和图形数据库存入的主系统单元图形，从而实现主系统图运行工况的 CRT 画面监视与显示。当一次设备事故时则 CRT 画面自动推出设备运行故障显示（断路器符号闪光）与模拟光字牌显示（发平光）。

（2）操作控制和防误操作功能。变配电所的控制功能分为 3 种。①调度中心远方控制，所内 SCADA 控制，后备手动控制。控制优先级可选择。其中调度中心远方控制命令是通过主控单元自动执行对各种设备的操作控制。②所内 SCADA 控制是运行人员在控制室后台主机上调出操作相关的设备图，由键盘输入、光标控制或软件自动形成断路器、隔离开关的跳、合闸命令，通过有关功能模块和开关量输出回路输出控制信号，实现断路器、隔离开关的跳、合闸操作；③后备手动控制是当计算机监控系统控制停运时，在 I/O 测控装置上对变电所内所有断路器及隔离开关实现一对一控制。

对于远方操作的隔离开关，由微机监控系统取得断路器、隔离开关、接地开关的位置信号，通过系统软件的逻辑闭锁，在 CRT 画面上显示开关设备的操作闭锁和操作提示，如挂接地线作业时及作业完成后的开关设备防误操作闭锁和操作提示（CRT 画面显示）。故障消除后的自动复归（由软件完成），解除报警信号。

（3）当地（回路）信号与中央信号功能。

1）当地回路信号由各功能模块子系统面板安装的 LED 数码管或液晶显示器实现，可召唤显示断路器和设备的正常运行状态，故障时自动显示事故跳闸信号与故障参数。

2）中央信号除由 CRT 屏幕画面显示正常运行状态［"如前面（1）中所述"］以外，事故时同时启动音响报警信号，发出事故音响；并启动打印机打印记录，由存储器存储全部事故信息与事故参数，供事故后分析故障原因时应用。

（4）数据处理与参数修改功能。

1）按收集到的并经运算处理后的各种输入模拟量（见下一节），实时进行线路与主变压器有功功率、无功功率、功率因数及所需补偿无功的动态计算；各种监视量的越限实时检查与计算；运行参数的统计分析。

2）收集到的输入开关量信息和脉冲量信息，分别进行开关变位的实时处理，以判断是否发生事故跳闸，并进行脉冲电度表的电度累加计算。

3）通过 CRT 以对话形式，直观地进行上、下限参数限值的修改和增删；维护管理项目、名称的修改；微机保护整定值的修改等等。

（5）事件顺序记录与报表、记录打印功能。

1）一次设备发生故障时，按断路器事故跳闸开关量变位的时间顺序，进行时间顺序的自动记录、存储与远传，事件顺序分辨率一般应小于 5ms。

2）报表与记录打印包括：运行参数打印、运行日志及报表打印、操作记录及打印、时间顺序记录及事故追忆打印、画面拷贝打印、故障参数与故障录波段打印等。

（6）监控主机与各功能模块子系统和远动调度中心通信功能：

1）监控主机在通信处理机、网络总线的支持下，向微机保护和其他功能模块子系统发出核对时钟、召唤数据等命令，保护装置和控制处理机分别向监控系统报告保护动作参数、动作时间以及执行控制（如自动调压）后的结果。系统中通信方式一般采用查询方式。

2）通过通信处理机和调制解调器，监控主机将有关信息传送给调度中心，并接收调度端远方操作控制、检测和保护整定值修改的命令并予以执行。

2. 微机保护、故障点测距与录波功能

微机保护包括变电所的主要设备和输电线路的全套保护，具体有高压线路、主变压器、无功综合补偿装置、母线和配电线路的成套微机保护以及故障录波装置等。微机保护在被保护线路和设备故障下，动作于断路器跳闸；线路故障消除后则执行自动重合闸。微机保护与故障测距录波装置都挂在综合系统网络总线上，通过串口与监控主机通信，召唤传送线路和设备经处理运算后的输入模拟量，故障跳闸后传送故障参数与重合闸信息、保护动作信息等。

3. 远动功能

变电所综合自动化系统的远动功能是在不断增加硬件情况下由系统综合实现的，不仅包括四遥（遥控、遥测、遥信、遥调）和事件记录远传功能，还包括微机保护定值远方监视、修改、录波与测距数据远传以及其他数据通行功能。相对于全系统调度中心来说，变电所综合自动化系统除具备了标准 RTU 全部功能外，由于整体功能增强使远动功能有很大增强。

4. 无功综合补偿自动控制与自动调压功能

无功综合补偿自动控制与自动调压功能的调控目标是维持供电电压在规定的范围内；保持电力系统稳定和合适的无功平衡；保证在电压合格的前提下使电能损耗最小。在变电所中，对电压和无功的控制，主要是自动调节有载变压器的分接头位置和自动控制无功补偿设备（电容器、电抗器、调相机、无功静止补偿装置等）的投、切或控制其运行工况。该功能可通过挂在网络总线上的电压无功控制装置实现。

5. 系统在线自检与自诊断功能

利用专门的硬件电路和软件方法，可实现各功能模块子系统的在线自检和自诊断。可自诊断到插件级，即"主动"发现硬件电路和芯片有无故障。例如故障时立即报警、显示，以便及时更换处理，因而保证了系统运行的较高可靠性。这在常规监控和二次在线系统中是不可能实现的。另外，防止软件运行出轨与死机的对策是采用自复位定时器（watchdog）电路和其他软件技术和外部电路来实现。

第二节 信息量的输入、输出通道

微机监控与综合自动化系统和变电所一次设备、二次设备以及传感器之间的信息传递、交换，包括微机运算处理的结果变换成适当信号送到被控对象，是由设有信号传输和变换装置的过程通道完成的。按照输入、输出信号种类和要求的不同，过程通道分为模拟量通道、开关量通道和脉冲量通道等几种。模拟量输入通道接受有电量变换器或传感器输出的模拟量信号，如一次设备的电流、电压信号，温度、压力与流量传感器输出的电流信号等等，并把这些模拟量信号转换为数字量信号传送到微机中去。模拟量输出通道则把微机输出的数字量变换成模拟信号，以驱动执行机构和自动连续测量记录仪表。

一、模拟量的输入输出通道的组成

模拟量输入输出通道的结构如图 6-4 所示。图中虚线框 1 为模拟量输入通道，虚线框 2 为模拟量输出通道。

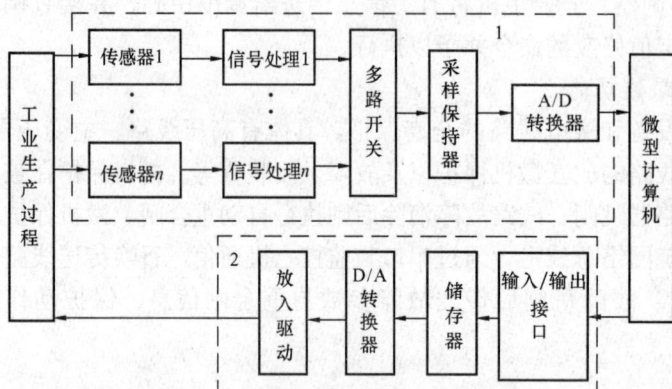

（一）输入通道

典型的模拟量输入通道由以下几部分组成。

1. 传感器

模拟量有电气量和非电气量两种。

传感器的功能是把一次电气设备的各种非电气量进行检测，并转换为相应量值的电信号，如变压器的温度、流量传感器，断路器监视气压的压力传感器等。

图 6-4 模拟量输入输出通道结构框图

对于电气量这类模拟量，如电流、电压等电信号，则需经过电流、电压变送器（即广义上的传感器）变成弱电信号。

2. 信号处理环节

不同传感器的输出电信号各不相同，因此需要经过信号处理环节将传感器输出的信号放大或处理成与 A/D 转换器所要求的输入相适应的电压水平。另一方面，传感器与现场信号相连接，处于恶劣工作环境，其输出叠加有干扰信号。因此信号处理包括有低通滤波电路，以滤去干扰信号。通常可采用 RC 低通滤波电路，若采用由运算放大器构成的有源滤波电路，可以取得更好的滤波效果。

3. 多路转换开关

在变电所中，要监测或控制的模拟量不止一个，即需要采集的模拟量一般比较多。为了简化电路，也为了节约投资，可以用多路模拟开关，使多个模拟信号共用一个采样保持器和 A/D 转换器进行采样和转换。

4. 采样保持器

为了在 A/D 进行采样期间，保持输入信号不变，确保转换精度，需要采样保持器。由于输入模拟信号是连续变化的，而 A/D 转换要完成一次转换是需要时间的，这段时间称为转换时间。不同类型的 A/D 转换芯片，其转换时间不同，对变化较快的模拟输入信号来说，如果不采取措施，将会引起转换误差。显然，A/D 转换器的转换时间越慢，对同样频率的模拟信号的转换精度的影响就越大。为了保证转换精度，可采用采样保持器，以便在 A/D 转换期间，保持采样输入信号的大小不变。

5. A/D 转换器

这是模拟量输入通道的核心环节。其作用是将模拟输入量转换成数字量，以便由计算机读取，进行分析处理。

（二）输出通道

计算机的输出信号是数字量，而有的执行元件要求提供模拟的电流或电压，故必须采用模拟量输出通道来实现。模拟量输出通道的组成见图6-4的虚线框2，其作用是把微机计算机输出的数字量转换成模拟量，这个任务主要是由数模转换器（D/A）来完成。由于D/A转换器需要一定的转换时间，在转换期间，输入待转换的数字量应保持不变，而计算机输出的数据，在数据总线上稳定的时间很短，因此在计算机与D/A转换器间必须用锁存器来保持数字量的稳定。经过D/A转换器得到的模拟信号，一般要经过低通滤波器，使其输出波形平滑，同时为了能驱动受控设备，可以采用功率放大器作为模拟量输出的驱动电路。

（三）采样方式

变电所中的模拟量有3种类型。①快速变化的交流量：交流电压、交流电流等。②变化缓慢的直流量：控制母线直流电压和操作母线直流电压。③变化缓慢的非电量：频率、温度、水位、油压等。对这些不同类型的模拟量可采用不同的采样方式。一般来说，采样方式可分为直流采样和交流采样两种类型。

1. 直流采样

直流采样是指将现场不断变化的模拟量先转换成直流电压信号，再送至A/D转换器进行转换，即A/D转换器采样的模拟量为直流信号。

对于变电所的控制电源或操作电源的直流电压和直流电流的测量，可以利用直流电压和直流电流变送器，将实际的电压和电流值转换成0~5V的直流电压，以便适合A/D转换器的输入电压范围。

对于交流电压和交流电流以及有功功率和无功功率等电量的采样，如果采用直流采样方式，较简单的办法是采用交流电压和交流电流变送器以及有功功率和无功功率变送器。交流电流变送器的输入电流的量限为0~0.5A、0~1A、0~5A等三种，输出为0~5V直流电压，正好与A/D转换器的输入电压范围相匹配；交流电压变送器的输入交流电压的量限为0~60V、0~100V和0~120V，输出直流电压也为0~5V。三相功率变送器的额定输入电压（线电压）为50、100V两种，额定输入电流为0.1、1A和5A三种，额定工作频率一般为50Hz，输出为0~±5V，即当被测功率为正时，变送器的输出为0~+5V；若被测功率为负时，则输出为0~-5V。

对于频率、温度、压力、水位、流量等非电量的测量，必须通过相应的传感器，把它们变成电信号，再对这些微弱的电信号经过放大、滤波等处理，然后送给数据采集系统的A/D转换器进行采样与转换。为了方便应用者的需要，不少生产变送器的厂家，已把各种传感器和信号处理环节融合在一起。

总之，直流采样的主要特征是A/D转换器输入的模拟信号已转换成变化缓慢的直流信号。

2. 交流采样

交流采样是相对直流采样而言，即指对交流电流和交流电压采集时，输入至A/D转换器的是与电力系统的一次电流和一次电压同频率、大小成比例的交流电压信号。

由于系统的一次电流和电压都是大电流或高电压的信号，不能直接送至A/D转换器，所以必须将变电所电压互感器或电流互感器输出的强电信号，经过一个小电压互感器或小电流互感器，变换成A/D转换器所能接受的电压信号。

在交流采样方式中，对于有功功率和无功功率，是通过采样所得到的 u、i 计算出 P、Q。

3. 两种采样方式的比较

两种方法的主要区别是直流采样必须把交流电流和电压经过整流和滤波，变成直流量，再送给 A/D 转换器进行转换。

直流采样的特点如下。

（1）直流采样对 A/D 转换器的转换速率要求不高，软件算法简单。只要将采样结果乘上相应的标度系数便可得到电流、电压的有效值，因此采样程序简单，软件的可靠性较好。

（2）直流采样因经过整流和滤波环节，转换成直流信号，因此抗干扰能力较强。

（3）直流采样输入回路，因要滤去整流后的纹波，往往采用 R—C 滤波电路，其时间常数较大（一般几十毫秒~几百毫秒），因此采样结果实时性差，而且无法反映被测模拟量的波形，尤其不适合用于微机保护和故障录波。

（4）直流采样需要变送器屏，故增加了设备投资和占地面积。

交流采样的特点是：

（1）实时性好。它能避免直流采样中整流、滤波环节的时间常数大的影响，因此在微机保护中必须采用交流采样。

（2）能反映原来电流、电压的实际波形，便于对所测量的结果进行波形分析，因此在需要谐波分析或故障录波的场合，必须采用交流采样。

（3）有功功率和无功功率是通过采样得到的 u、i 计算出来的，因此可以省去有功功率和无功功率变送器，可以节约投资并缩小测量设备的体积。

（4）对 A/D 转换器的转换速率和采样保持器要求较高。为了保证测量的精度，一个周期内，必须保证有足够的采样点数，因此要求 A/D 要有足够的转换速度。

（5）测量准确性不仅取决于模拟量输入通道的硬件，而且还取决于软件算法，因此采样和计算程序相对复杂。

综上所述，直流采样和交流采样是两种不同的采样方式，各有各的特点和应用场合。但从发展的眼光看，随着大规模集成电路技术的提高，A/D 转换器的转换速度和分辨率也不断提高，而且交流采样的算法也有多种方法可供选择，因此采用交流采样是一种发展的趋势。

二、开关量的输入输出通道的组成

微机监控与综合自动化系统中，监控主机和各功能模块子系统，除了要处理大量模拟量输入、输出信号外，经常还要处理大量的开关量和脉冲量信息，以便及时反映开关量状态（断路器与隔离开关的开、合等），并执行监视、控制、中央信号与电度统计等各种功能。开关量的输入输出通道的作用是把输入的开关量、脉冲量信号转换成微机能接受的形式，或者把微机输出的数字量信号转换成控制电气设备（如断路器）的开关量信号。由于变电所一次设备现场存在严重的电磁、振动等各种干扰影响，开关量输入、输出电路中都需采用抗干扰的隔离处理和防振动措施，以保证工作可靠。

（一）输入通道

开关量、脉冲量输入通道的结构框图如图6-5所示。它主要由以下几部分组成。

1. 信号处理电路

信号处理电路可以实现电平转换、消除电磁干扰，它把从一次设备现场等引来的开关量、脉冲量输入信号转换成微机系统所要求的电平信号，并同时实现电气隔离，防止冲击性高电压和波动电压窜入，并防止抖动。信号处理电路有光电耦合和继电器耦合两种形式，如图6-6所示。

光电耦合式处理电路的主要器件是光电隔离器QI，它由发光二极管和光敏三极管组成，如图6-6（a）所示。当外部开关S断开时，发光二极管不导通不发光，因此光敏三极管截止，输出晶体管VT也截止，输出u_0为低电平；当开关S闭合时，发光二极管发光，导致光敏三极管、输出晶体管VT均导通，输出u_0变成高电平。此输出电平即为图6-5中输入寄存器的输入信号。

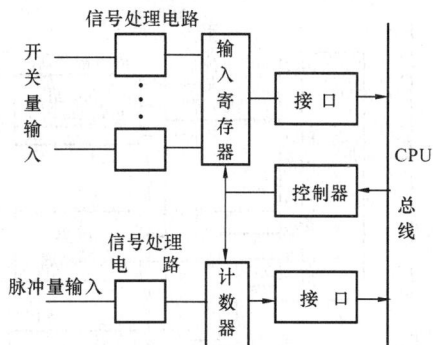

图6-5　开关量、脉冲量输入通道的结构框图

继电器耦合式信号处理电路如图6-6（b）所示。当开关S断开时，继电器K线圈不通电，其触点断开，"非门"输入为高电平，输出u_0为低电平；当开关S接通时，继电器启动，其结果输出u_0变为高电平。

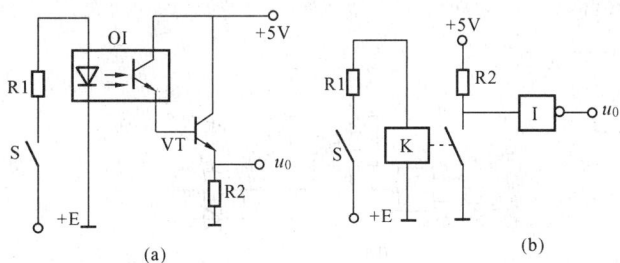

图6-6　信号处理电路
（a）光电耦合式；（b）继电器耦合式

2. 输入寄存器和计数器

开关量输入通道数目一般很多，为处理方便常把若干个经信号处理后的开关量信号编为一组，送往输入寄存器。输入寄存器的作用是，一方面作为开关量输入信号的缓冲器；另一方面在控制器单元控制下，把编组后成组的开关量信号送往微机数据总线和存储器，以便进行信息处理。图6-5中的计数器用来实现计数脉冲量信号输入，每输入一个脉冲，计数器就加1，CPU每隔一定时间读取计数器数据，然后将其清零，并把读取的内容累加起来，即可累计某一时期输入脉冲总数或单位时间内的脉冲数目。计数器的这种功能与脉冲式变送器发送脉冲两者结合，用以进行电量计算。

3. 控制单元

输入到微机系统中的大量开关信号被编成很多组，因而要求微机CPU能按照一定地址编号来分别读入每一组开关量信号。控制器单元的作用就是接收CPU发出的地址编号信息和操作指令，进行译码，并产生读入某一组开关量信号的选通信号和控制信号。

（二）输出通道

开关量输出通道传送的开关量信号，经转换和增大驱动能力后，用来控制断路器或隔离开关的开、合。同时也送往监控主机，后者给出相应位置信号和音响报警信号，显示变电所的运行状态。

开关量输出通道的基本构成如图6-7所示。它由并行接口、控制器单元、输出寄存器、驱动控制电路等器件构成。除驱动控制电路外，所有器件与开关量输入通道基本相同。

驱动控制电路是将CPU转发的开关量信号，直接驱动被控对象动作，对驱动控制电路

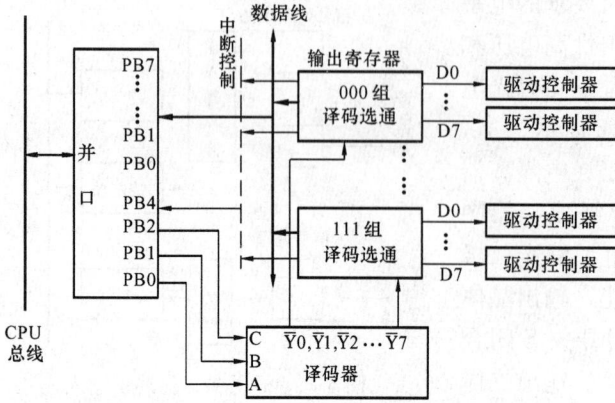

图 6-7 开关量输出通道基本构成

要求有一定驱动能力，能将微机系统与现场电气设备隔离并能抗干扰。对于一般的断路器控制和信号设备，经常采用两种驱动控制电路。一种是光电隔离式驱动控制电路，如图 6-8（a）所示，它输出的是电平信号；另一种是光电隔离与中间继电器式驱动控制电路，它输出触点信号（称空触点），用以闭合断路器的跳（合）闸出口继电器回路，如图 6-8（b）所示。

图 6-8 设置反相器 D1 及与非门 D2 的目的，一方面是因为并行口带负载能力有限，不足以驱动发光二极管，另一方面采用与非门后要同时满足两个条件才能使继电器 K 动作，增加了抗干扰能力，对开关输出电路，是很重要的一种可靠性措施。此外，为提高驱动继电器的能力，也可在这种电路的光敏三极管输出后，增加一级功率放大三极管。

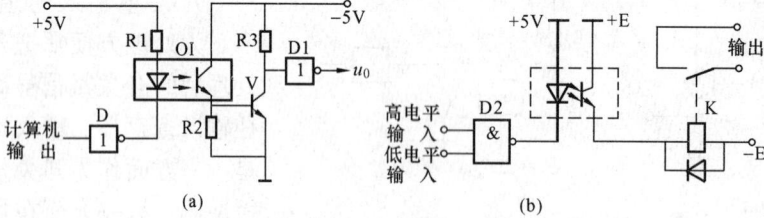

图 6-8 驱动控制电路
（a）光电隔离式；（b）光电隔离与中间继电器式

第三节 工 程 实 例

一、110kV 变电所综合自动化系统

在第三章中曾介绍了某 110kV 变电所（有人值守）综合保护测控装置配备的断路器操作电路（控制电路），该变电所一次系统采用内桥式接线，二次系统采用综合自动化系统。变电所的综合自动化系统图如图 6-9 所示。

整个系统为分层分布式系统，单元层的保护测控硬件按分散的面向对象的方式设计，每一个一次对象的保护、遥控、遥信、遥调集中在一个单元机箱中，称为综合保护测控装置。该装置既可分散安装在一次设备开关柜、电压互感器柜、端子箱上，也可集中组屏安装在控制室内。各单元与变电所层总控单元之间通过 CANBUS 现场总线连接，实现信息共享。

变电所层由总控单元和后台监控主机组成（无人值守变电所不设后台机，信息直接送往调度中心）。总控单元（相当于保护测控管理机）是整个变电所综合自动化的通信枢纽，即为变电所的信息综合点，它连接不同的智能设备和主控端。智能设备包括综合保护测控装

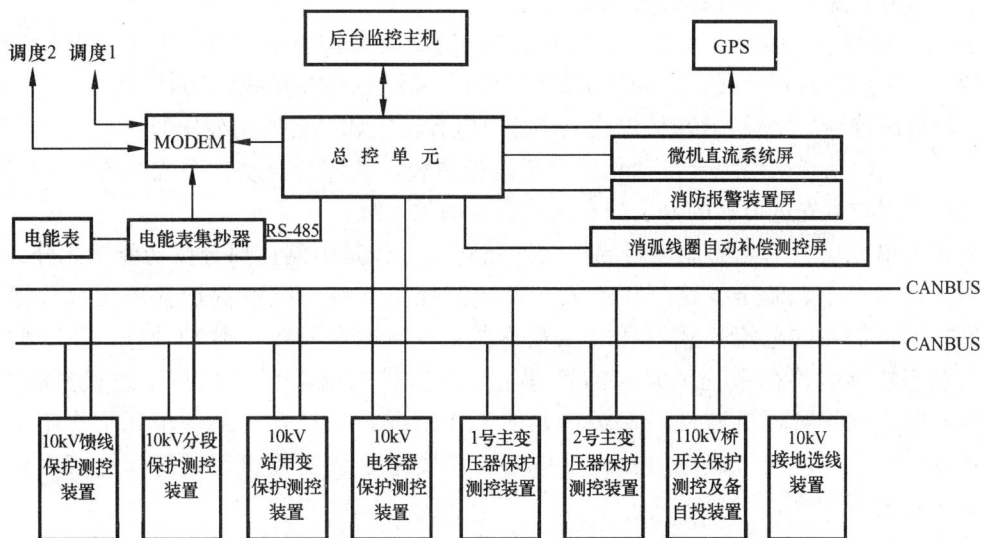

图 6-9　110kV 变电所综合自动化系统图

置、无功电压控制装置、微机直流系统屏、消防报警装置屏、智能表计、测控对时（GPS）及当地监控设备。当地监控设备由高档工业级微机、打印机、UPS 等组成。

系统的技术特点如下。

（1）面向对象，将传统的保护测控进行一体化设计。面向一次设备——馈线、电容器、主变压器辅助机构、防护设备等，各设立单独的保护测控单元，简化变电所硬件及接线，特别是保护、测控之间的接线；信息全部上网，实现变电所信息共享，去除原来保护、监控的通信接口，减少信息转发的环节，整个系统清晰简洁，安装、设计、维护方便。

（2）保护测控既统一又相互独立。在保留继电保护功能完整、独立方面采取的措施：在硬件设计上继电保护配有专用交流输入通道和单独的输出跳闸回路。满足了现场对保护的可靠性要求高的特点。测量回路亦有独立的交流采样通道，完全满足测量精度的要求。在软件设计上，保护模块与其他功能模块完全分开，具有独立性。特别重要的数据存储在专用芯片上，不进行其他操作。

（3）模块化设计。面向一次设备，以一次设备为对象设置保护测控一体化机箱，既可实现灵活组态，保护测控既可合一，也可分开；既可集中组屏，也可分散安装。

（4）装置保护原理的先进性及灵活性。依托网络信息共享，充分利用变电所综合信息，在不增加硬件的基础上实现变电所复杂逻辑闭锁、低压母线保护、小电流接地保护、电压无功控制等功能，差动单元实现双重化设计，后备保护复合电压信息实现多重化。

（5）采用 CANBUS 现场总线构成通信网络。整个系统采用 CANBUS 现场总线构成通信网络，传输距离远、无"瓶颈"，抗干扰能力强。

（6）完整的事件记录。综合保护测控装置具有完整而详实的事件记录，其中包括保护事件记录、遥信事件记录、自检事件记录、故障录波及故障信息记录等。

（7）典型的面板配置及操作回路。各单元装置面板上装设跳、合闸压板，远方/就地切换开关，手动就地操作按钮，电源指示灯及重合闸、跳闸位置，合闸位置指示灯；装置配有传统的断路器操作电路，包括完备的压力闭锁、防跳、跳闸和合闸保持等。

二、220kV 变电所综合自动化系统

某 220kV 变电所装有 2 台 2×150MVA 的三绕组有载调压变压器，电压等级 220kV 进出线两回，采用内桥式接线，110kV 进出线十回，采用双母线接线，10kV 馈线二十回，采用单母线分段接线。此外，10kV 母线上还接有电容器组和 2 台所用变压器。

变电所二次系统采用综合自动化计算机监控系统，其综合自动化系统如图 6-10 所示。该系统仍采用技术先进可靠的分层分布式综合自动化系统。

系统的单元层各单元的保护与测控功能独立设置。其中测控部分按功能单元分为主变测控单元，高、中、低压线路测控单元，母线测控单元等；继电保护各单元部分保持其独立性，供保护用的电流互感器和电压互感器、直流电源及跳闸脉冲独立，不受监控系统运行状态的影响。在系统单元层的管理上，各保护功能单元由保护管理机进行管理。正常运行时，保护管理机监视各保护单元的工作情况，一旦发现某一单元工作不正常或有保护动作信息立即报告监控机及调度中心。调度中心或监控机也通过保护管理机下达修改保护定值等命令。

系统的变电所层除设有 2 台监控主机（操作员终端）外，还设有工程师工作站，负责软件开发与管理功能，五防工作站则由监控系统取得断路器、隔离开关、接地开关的位置信号，靠计算机软件逻辑闭锁实现五防闭锁要求。

三、500kV 变电所微机监控系统

图 6-11 为某 500kV 变电所的微机监控系统图，该系统具有以下特点：

（1）选用技术先进、具有开放性、可扩充性、功能规范及技术指标均满足变电所监控和电网调度要求、系统抗干扰性能强的成熟可靠的计算机监控系统。软、硬件采用标准化、系列化具有工程实用业绩的产品。为保证可靠性，采用冗余设计。在操作闭锁上，考虑多级闭锁手段及软硬件闭锁方式。

（2）采用分层分布式计算机监控系统。在系统功能上分层：系统结构分为站控层和间隔层，将监视、控制与远动作为一个整体考虑，完成数据采集、处理、实时监控、检测、报警、控制、统计计算和运行管理；在设备布置上分散：根据变电所的建设规模及总平面布置，在各配电装置内按照电压等级设置若干个保护小室。

（3）计算机监控系统的体系结构应考虑面向对象设置测控单元，完成其监控功能。

（4）变电所自动化系统就地信息与电网调度自动化系统的远传信息取自唯一的数据采集系统，资源共享。通过远动工作站实现与各级调度的通信及远方诊断、控制、不重复设置专用远动 RTU。

（5）500kV 及 220kV 设备的保护装置、电源及跳闸出口等均独立设置，以确保其可靠性、选择性、速动性及灵敏性。

（6）故障录波装置独立设置。

（7）测控装置单元化、模块化配置，可直接布置到相应电压等级的保护小室内。计算机监控系统的自诊断功能可诊断至模块级，测控装置的模块可带电插拔，更换方便。

（8）在各间隔保护小室内的测控装置或断路器操作箱上设置断路器的一对一后备操作按钮，而在控制室不设置强电控制设备（硬手操），只采用计算机控制操作（软手操）。

（9）监控系统采用交流采样技术，减少中间环节，提高实时性及可靠性。

（10）利用微机监控系统中的同步和防误闭锁功能对所控对象完成同步和防误闭锁操作。

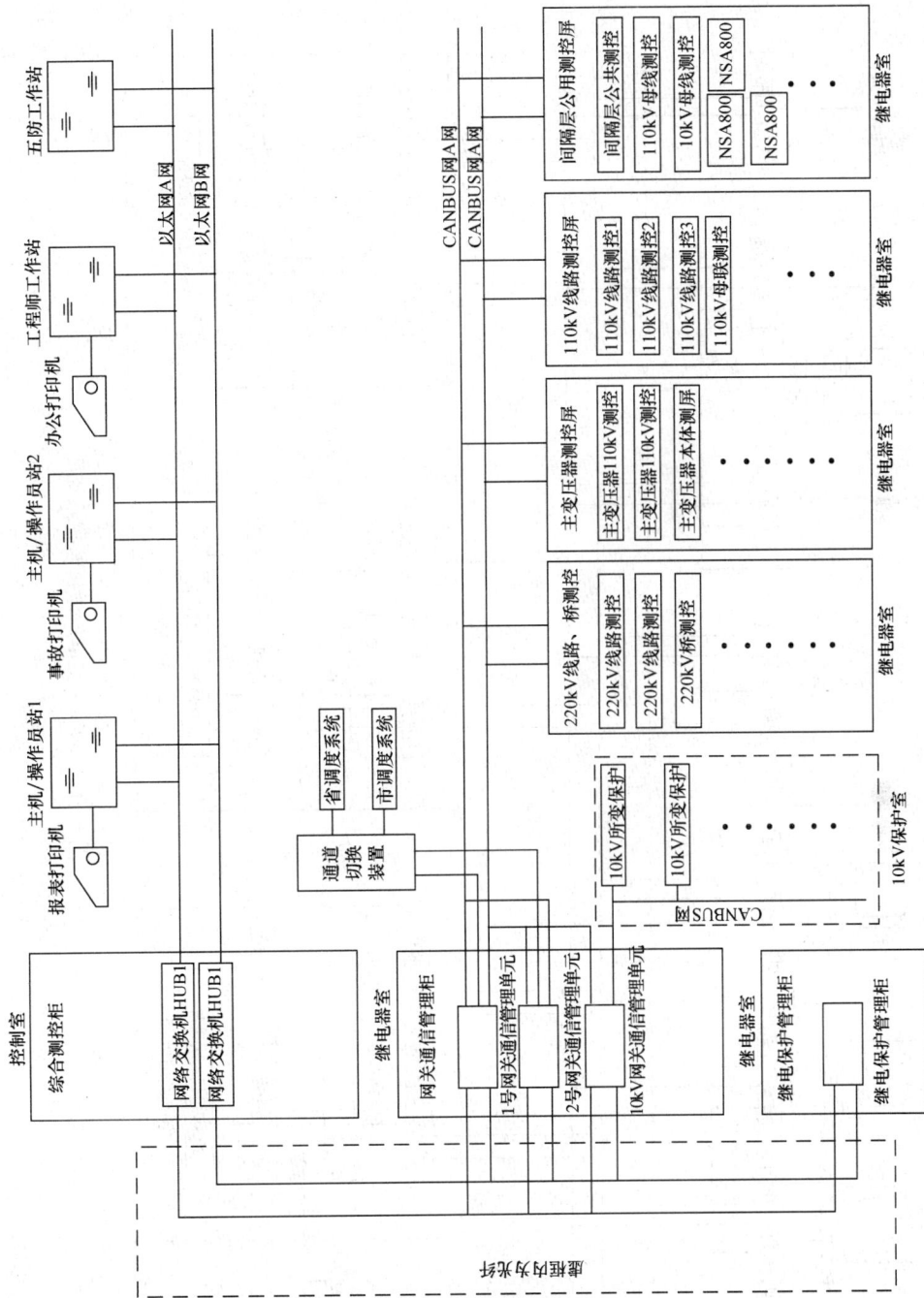

图 6-10 220kV变电所综合自动化系统图

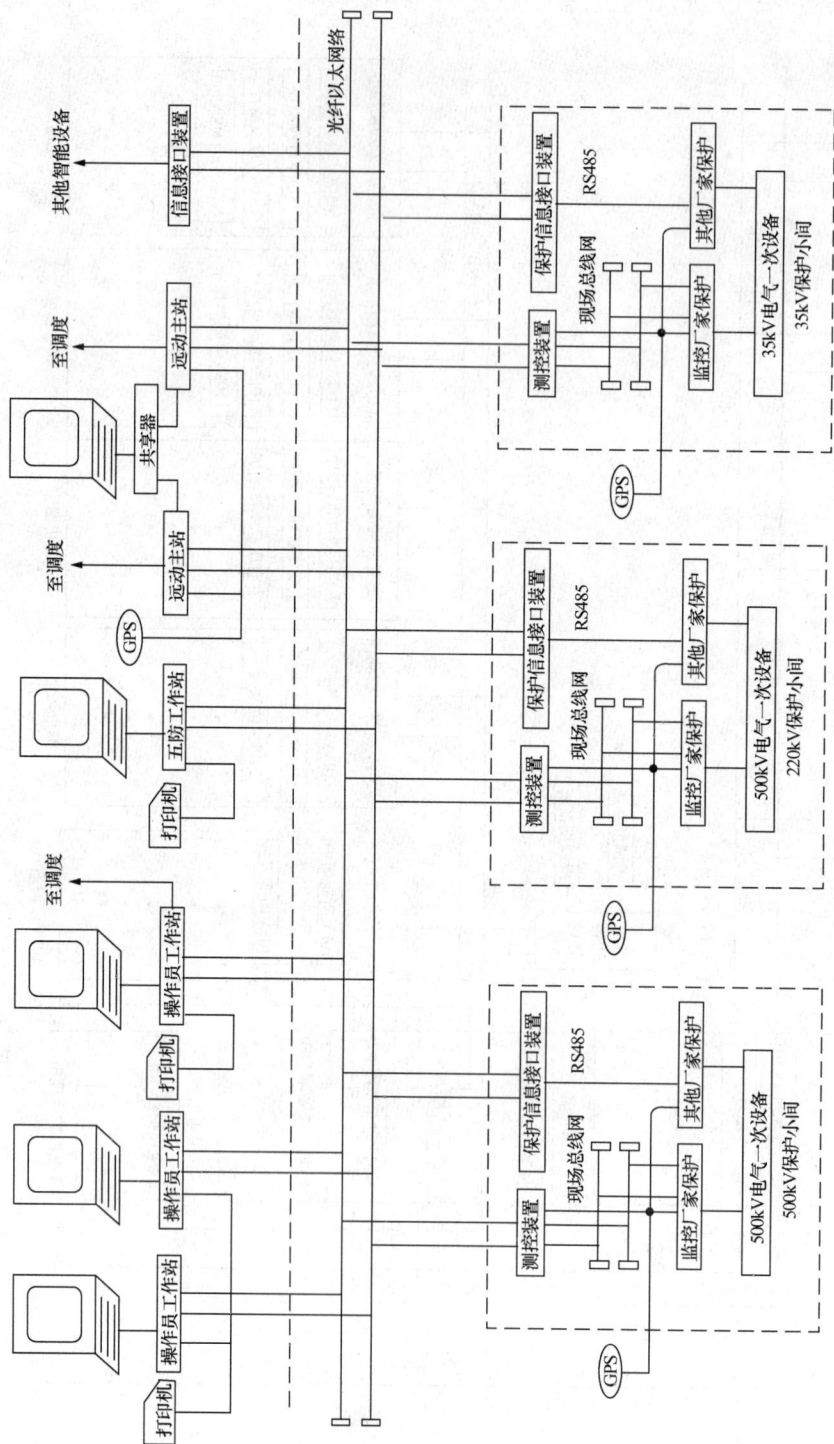

图 6-11　500kV 变电所微机监控系统图

并通过监控系统实现电压—无功自动调节功能。

（11）为保证电量计费系统的精度要求，电量计费系统的表计单独设置。电量计费数据经专用通道传输到中调和网调。

（12）变电所不考虑单独设置计算机接地网，计算机监控系统与全所共用接地网。

（13）全所设 GPS 时钟系统，使微机监控系统、微机保护及自动装置和故障录波装置等的时钟统一。

第七章　变配电所的直流系统

变电所中的控制、信号、继电保护、监控计算机、自动装置和断路器等的操作都需要可靠稳定的工作电源供电，该电源称为操作电源。操作电源可分为直流操作电源和交流操作电源，在变电所中主要采用的是直流操作电源。

变电所的直流系统是由直流操作电源、直流供电网络和直流负荷组成。直流操作电源和直流供电网络应满足直流负荷的要求。变电所中的直流负荷极为重要，对供电可靠性的要求很高。直流系统的可靠性是保障变电所安全运行的决定性条件之一。

本章介绍两种直流电源构成的直流系统，即蓄电池直流系统和硅整流直流系统。重点介绍蓄电池直流系统、直流供电网络的接线方式。

第一节　概　　述

操作电源和直流供电网络必须根据直流负荷的情况和要求，进行合理配置和设计。

一、变电所的直流负荷

直流系统的负荷按其用电特性可分为经常负荷、事故负荷和冲击负荷。

1. 经常性负荷

经常性负荷是指在各种运行状态下，由直流电源不间断供电的负荷，包括：

（1）经常带电的直流继电器、信号灯、位置指示器和经常点亮的直流照明灯。

（2）由直流供电的交流不停电电源，如计算机、通信设备、重要仪表和自动调节装置用的逆变电源装置。

（3）由直流供电的用于弱电控制的弱电电源变换装置。

2. 事故负荷

事故负荷是指当变电所失去交流电源全所停电时，由直流电源供电的负荷，包括事故照明和通信备用电源等。

3. 冲击负荷

冲击负荷是断路器合闸时的短时冲击电流及此时直流母线所承担的其他负荷（包括经常性与事故负荷）电流的总和。

直流操作电源容量的确定，必须以各类直流负荷容量的分析、统计和计算结果为前提。

二、对操作电源和直流系统的基本要求

对操作电源的基本要求有以下几方面。

（1）保证供电的可靠性。这是根本，最好装设独立的直流操作电源，如蓄电池操作电源，以免交流系统故障时，影响操作电源的正常供电。

（2）具有足够的容量，能满足各种工况对功率的要求。

（3）具有良好的供电质量。正常运行时，操作电源母线电压波动范围小于5％额定值；

事故时不低于90%额定值；失去浮充电源后，在最大负载下的直流电压不低于80%额定值；波纹系数小于5%。

（4）使用寿命、维护工作量、设备投资、布置面积合理。

对于直流系统，除了上述基本要求外，还有下列方面的要求。

（1）在满足供电可靠性的要求下，直流系统的接线应尽可能简单，设备尽可能简化。

（2）直流系统设计和设备选择应满足安全可靠、技术先进、经济合理的要求。

（3）尽可能减少维护工作量，满足变电所综合自动化和无人值守变电所的要求。

三、直流操作电源的种类

正如前面所讲，变电所的操作电源有直流操作电源和交流操作电源。直流操作电源又可分为独立式直流电源和非独立式直流电源，独立式直流电源有蓄电池直流电源和电源变换式直流电源；非独立式直流电源有硅整流电容储能直流电源和复式整流直流电源。

1. 蓄电池直流电源

蓄电池是一种可重复使用的化学电源。通过充电，可将电能以化学能的形式储存在蓄电池内，通过放电，将储存的化学能转变成电能供电给直流负荷，这两种过程是可逆的。在变电所中，一般采用蓄电池组作为直流电源。这种直流电源不依赖于交流系统的运行，是一种独立式的电源，即使交流系统故障，甚至全所停电，该电源也能在一段时间内正常供电，以保证直流负荷正确动作，具有很高的稳定性和可靠性，广泛应用在大中型变电所和对可靠性要求较高的小型变电所中。

2. 电源变换式直流系统

电源变换式直流系统也是一种独立式直流电源，其框图如图7-1所示。

这种电源是有输入可控整流装置U1、48V蓄电池组GB、逆变装置U2和输出整流装置U3组成。正常运行时，由交流220V供电给U1，经U1可控整流后，输出直流

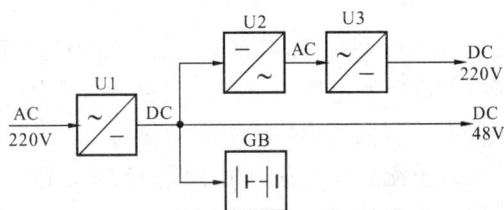

图7-1　电源变换式直流电源框图

48V，并向蓄电池组GB充电或浮充电；同时，经逆变装置U2变换成交流，再由输出整流装置输出220V的直流电，作为供电直流电源。当交流系统故障时，由蓄电池组GB直接向48V的直流负荷供电，同时经U2逆变和U3整流后维持向220V的直流负荷持续供电。

这种电源在中小型变电所中得到广泛的应用。

3. 整流式直流电源

上述两种直流电源，直接或间接地采用了蓄电池作为直流电源，由于蓄电池直流电源价格昂贵，寿命有限，维护量较大等，所以在一些中小型变电所中采用了硅整流式的直流电源。

整流式直流电源实际上是一台整流装置，其输入一般取自所用电的交流电压，经整流装置变换成直流电源。这种直流电源是非独立式的直流电源，若交流系统故障，将直接影响到直流电源的输出，不能满足直流负荷的要求；若交流系统停电，直流电源将没有输出。

为了解决上述问题，对于整流式直流电源进行了改进，其中应用最多的是硅整流电容储能直流电源和复式整流直流电源。

（1）硅整流电容储能直流电源。这种直流电源是将整流装置和储能电容器并接在供电母

线上，交流系统正常时，由整流装置供电给直流负荷，同时向电容器浮充电（补偿电容器的泄漏容量）；当交流系统故障，甚至停电时，电容器放电向重要直流负荷（继电保护、自动装置和断路器的跳闸回路）供电。由于电容器储存能量有限，事故时只能短时间向重要负荷供电，所以很难满足一次系统和继电保护复杂的变电所的要求。这种直流电源适用于35kV及以下电压等级的小容量变电所，或继电保护较简单的110kV及以下电压等级的终端变电所。

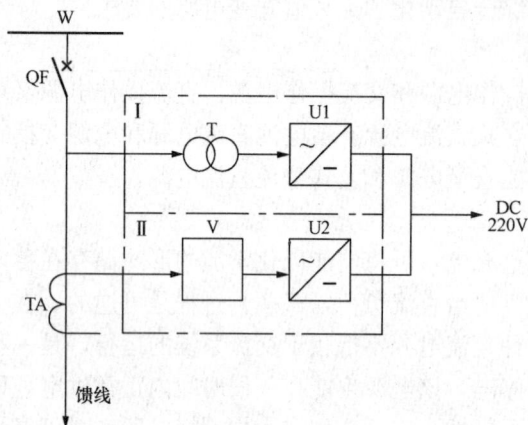

图7-2　复式整流直流电源框图

（2）复式整流直流电源。复式整流直流电源是一种复式整流装置，其结构框图如图7-2所示。它是由接在电压系统的整流电源（电压源Ⅰ）和接在电流系统的整流电源（电流源Ⅱ），用串联或并联的方式，合理配合组成。电压系统取自所用变压器的输出，电流系统取自电流互感器的输出。

在正常情况下，由所用变压器T的输出电压经整流装置U1整流后供电，即主要由电压源供电。在事故情况下，电压源输出电压下降或消失，此时一次系统将流过较大的短路电流，由电流互感器TA的二次电流，通过铁磁谐振稳压器V变换为交流电压，再经整流装置U2，提供直流电源，得到具有稳定电压输出的直流电压。这种电源是用电流源来补偿电压源电压的衰减，使控制母线电压保持在合适的范围内，保证了继电保护和断路器跳闸回路等重要负荷的可靠动作。

复式整流直流电源可用于线路较多，继电保护较复杂，容量较大的变电所。但目前专门生产复式整流装置的制造厂极少，多为供电部门自制或委托整流器厂制造。

四、直流系统的工作电压

在变电所的直流系统中，常用的电压等级有220、110V和48V，其中220V和110V属于强电直流电压，48V属于弱电直流电压。强电直流系统是选用110V还是选220V，需要通过技术经济比较确定。

第二节　蓄电池的基本概念

一、蓄电池

蓄电池分酸性蓄电池和碱性蓄电池，变电所中常用的酸性蓄电池有固定型防酸隔爆铅酸蓄电池和阀控密封免维护铅酸蓄电池，常用的碱性蓄电池是镉镍蓄电池。下面简要介绍这几种常用蓄电池的特性。

1. 铅酸蓄电池

铅酸蓄电池从组成上来讲，主要是有正极板、负极板、硫酸溶液、隔板、蓄电池槽、蓄电池盖组成。根据蓄电池用途的不同，还设有其他的不同部件，如对于防酸隔爆式蓄电池在电池盖上安有防酸隔爆帽，有的电池还装有密度计、温度计等。正、负极接线柱是由正、负极板引出，用于对外连接。

　　铅酸蓄电池正极板上的活性物质是二氧化铅（PbO_2），负极板上的活性物质是金属铅（Pb）。蓄电池的储能和释放能量是通过正、负极板和硫酸溶液之间发生的电化学反应来实现的。在放电过程中，放电电流从蓄电池的正极流出，经负荷、电池负极、电池内部后，到达正极，实现了将蓄电池内的化学能转换成电能，供电给负荷。这种电化学反应可以用下面的反应方程式表示

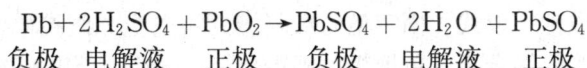

$$Pb + 2H_2SO_4 + PbO_2 \rightarrow PbSO_4 + 2H_2O + PbSO_4$$
　　负极　　电解液　　正极　　　负极　　电解液　　正极

由上式可看出，在放电过程中，正、负极在放电后都生成了硫酸铅（$PbSO_4$），并消耗了电解液中的硫酸（H_2SO_4），生成了水（H_2O），结果是硫酸溶液的浓度（密度）下降。因此在实际工作中，可以根据电解液比重的变化（高低），来判断蓄电池的放电程度和作为确定蓄电池放电终了的主要标志。

　　在充电过程中，充电电流由外部电源的正极，经蓄电池的正极、电池内部、负极，达到外部电源的负极，实现将电能转换成化学能储存在蓄电池内部。充电过程的电化学反应可用下面的化学反应方程式表示

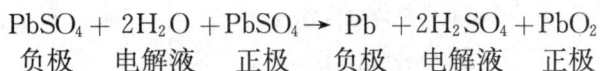

$$PbSO_4 + 2H_2O + PbSO_4 \rightarrow Pb + 2H_2SO_4 + PbO_2$$
　　负极　　电解液　　正极　　　负极　　电解液　　正极

由此可见，充电时，正极上的硫酸铅氧化成二氧化铅，负极上的硫酸铅还原成金属铅，并且硫酸根与水形成硫酸，使电解液浓度逐渐上升，最后达到一稳定值。

　　在充电过程中，外电源强迫蓄电池接受电能，把 $PbSO_4$ 及 H_2O 转换成 PbO_2、Pb、H_2SO_4，电能转换成后者的化学能，这是主反应。充电时还伴随着一个很难避免的副反应，即电解水生成氧气和氢气。特别是充电后期，电压升高（用恒定电流充电时），电能主要消耗在电解水方面，而且对活性物质很不利。电解水的反应是

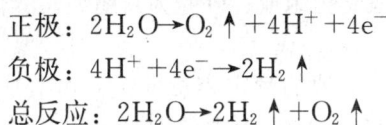

$$正极：2H_2O \rightarrow O_2 \uparrow + 4H^+ + 4e^-$$
$$负极：4H^+ + 4e^- \rightarrow 2H_2 \uparrow$$
$$总反应：2H_2O \rightarrow 2H_2 \uparrow + O_2 \uparrow$$

在充电后期，从正极板析出氧气，负极板析出氢气。

　　充好电之后的蓄电池会自发地进行自放电反应。负极上的自放电反应将使负极板硫化并析出氢气；正极板的自放电反应将析出氧气。当极板中的活性物质和电解液都很纯净时，自放电反应的速度很慢。当杂质增多，自放电速度会加快。

　　铅酸蓄电池充电、自放电都会产生氧气和氢气的析出，以及酸雾的自然挥发。这样一来，一方面使得电池的电解液消耗很大，需要经常加酸补水进行维护；另一方面酸雾对人体、设备和环境带来污染和危害，氢气易引起火灾。由于上述原因，以前在变电所中，蓄电池是安装在蓄电池室内，蓄电池室的建筑应符合国家相关技术要求，设置必要的附属设备和通风设备等，投资大，运行维护量大。

　　目前变电所中运行较多的铅酸蓄电池是固定型防酸隔爆式铅酸蓄电池（GGF），在结构上采用半封闭结构，它由管式正极板、涂膏式负极板、微孔隔离板及透明塑料电槽（或硬橡胶电槽）等组成。电池盖上安有防酸隔爆帽，电池内部装有特制的温度比重计，供指示电液温度及比重用。它能防止酸雾析出，即在充电过程时，所产生的酸雾经防酸隔爆帽过滤后，

酸雾不易析出电池外部，可减少酸雾对电池室及设备的腐蚀；同时也能防止电池内部因气体产生，引起压力增大而发生爆炸。但是由于还有氢气和氧气析出，如果蓄电池室内空气不太流通，可燃气体聚集较多时引起爆燃还是可能的，这种电池只能算是半密封蓄电池，仍有少量酸雾逸出，为安全起见，需设置专门的蓄电池室。

我国电力系统自 20 世纪 80 年代开始引进和采用阀控密封免维护铅酸蓄电池（VRLA，简称阀控电池），90 年代后开始广泛应用。一些新建的变电所，甚至一些改造的变电所基本都是采用这种新型蓄电池，取代了固定型防酸隔爆式蓄电池。阀控电池采用了全封闭结构，设有安全阀，正极板为铅锡合金，负极板为钙铝合金，电池内部电液被吸附在极板和隔离物中，充电产生的气体不向外逸出，全部在电液内部合成为 H_2O，该电池在理论上不消耗水分，不需要添加蒸馏水，可以长期运行。由于上述特点，阀控电池体积小，具有防震、抗压的特点，便于运输；可以放倒后叠加放置，酸液无渗漏，可与其他设备同置一室，无酸雾逸出，无需设专门的电池室。

铅酸蓄电池型号一般按以下方式表示

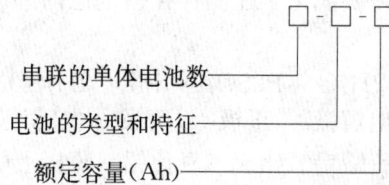

单体电池，电池数为 1，第一段可略。电池的类型根据主要用途划分，代号用汉语拼音第一个字母表示，如 GGF-100。

2. 镉镍电池

镉镍电池属于碱性电池，在结构上，其正极板是氧化镍，负极板为镉—铁；电解液为氢化钾或氢化钠中加入适量的氢化锂组成；外壳为封闭型。其化学能与电能的转换也是通过内部的复杂电化学反应完成的。

镉镍电池按放电电流与蓄电池的额定容量的关系可分成四类，即：$I < 0.5C_5$（A），为低倍率型；$I = (0.5 \sim 3.5) C_5$（A），为中倍率型；$I = (3.5 \sim 7) C_5$（A），为高倍率型；$I > 7C_5$（A），为超高倍率型。在变电所中，主要采用中倍率型和高倍率型，一般用在容量不太大的场合。

镉镍电池具有对环境污染小，无腐蚀性，维护工作量小；结构紧凑，占地面积少，布置方便；使用寿命长（可长达 20 年）等优点。可直接放在主控制室内或配电装置内，不必专设蓄电池室。

镉镍蓄电池型号一般按如下表示：

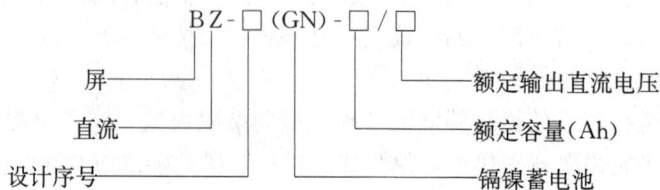

二、蓄电池的电气特性

1. 电动势、开路电压、工作电压

蓄电池的电动势是电池在理论上输出能量大小的量度之一。如果其他条件相同，电动势愈高的电池，理论上能输出的能量就愈大，使用价值就愈高。电动势的大小与电解液的密度和温度有关。电动势随充电的进行升高，随放电的进行减小。

开路电压是指电池在开路状态下的端电压，其在数值上一般接近于电池的电动势。

工作电压是指接通负荷后在放电过程中电池的端电压，又称为负载电压或放电电压。电池的放电电压随放电时间的平稳性表示电压精度的高低，其数值及平稳程度依赖于放电条件，当高速率和低温条件下放电时，电池的工作电压将降低，平稳程度下降。

铅酸蓄电池的开路电压为 2.1V，阀控电池为 2.16~2.18V，镉镍电池为 1.25V，可以看出铅酸蓄电池的单体电压比镉镍电池高，在直流电源的实现上，所需的电池数少。

2. 容量

电池的容量是表示蓄电池的蓄电能力。充足电的蓄电池，放电到规定终止电压时，其所放出的总电量，称为电池的容量。若蓄电池以恒定放电电流 I_f 放电，到达规定终止电压的时间为 t_f，则对应容量为

$$C = I_f t_f \quad (A \cdot h)$$

容量的单位为安·时。蓄电池的实际容量并不是一个固定不变的常数，它受许多因素的影响，主要有放电率、电解液比重和电解液温度。

(1) 放电率的影响。放电速率是反映蓄电池放电到终止电压时间的快慢，简称为放电率，常用时率和倍率表示。

时率是以放电时间表示的放电速率，即以某电流放电至规定终止电压所经历的时间，如放电率为 10、8、5、3、1h。对于铅酸蓄电池是以 10h 放电率为正常放电率，镉镍蓄电池是以 5h 为正常放电率。放电率大，放电电流大，电池电压下降快，放出电量少，故电池容量减小。例如：某一铅酸蓄电池当以 2h 放电率进行放电时，到达终止电压所放出的容量只有额定容量的 60% 左右。

倍率是指电池放电电流的数值为额定容量数值的倍数。如放电电流表示为 $0.1C_{20}$（C_{20} 表示放电时间为 20h 的电池容量），对于一个 60A·h 的电池，即以 0.1×60 电流放电；$3C_{20}$ 意指 180A 的电流放电。

终止电压是指电池放电时电压下降到不宜再继续放电时的最低工作电压。在变电所中，铅酸蓄电池的规定终止电压为 1.95V，镉镍蓄电池的规定终止电压为 1.0V。

(2) 电解液比重的影响。电解液比重大，电池的容量也大，反之，容量减小。但为了保证蓄电池的寿命，电解液的比重应适当。

(3) 电解液温度的影响。电解液温度高，容量大。但温度过高，同样会影响蓄电池的寿命，甚至损坏蓄电池，在运行过程中，应注意监视蓄电池的温度。

蓄电池的额定容量是指在规定条件下所能输出的电量。对于铅酸蓄电池，额定容量是指电解液温度为 25℃ 时，以 10h 放电率对应的容量；镉镍蓄电池是指以 5h 放电率对应的容量。蓄电池型号中的数字表示该电池的额定容量，例如：GGF-100，该电池的额定容量为 100A·h。

3. 电池内阻

电流通过电池内部时受到的阻力，使电池的电压降低，此阻力称为电池的内阻。电池的内阻在充放电过程中随时间不断变化。内阻包括了欧姆电阻和极化电阻，二者之和为电池的全电阻。

4. 放电特性

放电特性是反映蓄电池电压与放电电流及放电时间的关系。其放电过程有三个阶段，放电开始短时间内端电压急剧下降；放电中期，电压缓慢下降，持续时间较长；放电末期，端电压又在极短的时间内迅速降低，当到达放电终止电压时，应立即停止放电，并及时进行充电。放电中期的时间越长，平均电压就越高，其特性也就越好。

5. 充电特性

充电特性是反映蓄电池端电压与充电电流和充电时间的关系。对于铅酸蓄电池，其充电过程分三个阶段，充电初期电池电压迅速增大；充电中期，蓄电池电压缓慢增大，持续时间较长；充电末期，电压又迅速增大，当充足电时，电压稳定在 2.7V 左右。对于镉镍蓄电池，正常充电的终止电压为 1.6~1.8V。

制造厂一般提供蓄电池在各种工况下的放电特性曲线和充电特性曲线，供使用时参考。

6. 自放电特性

充足电的蓄电池在存储期间容量降低的现象，称为自放电。电池在无负荷情况下，由于自放电的存在，将使蓄电池的容量损失。反映自放电特性的量有自放电率和荷电保持能力。

（1）自放电率。自放电率是用单位时间容量降低的百分数表示，即

$$自放电率 = \frac{C_a - C_b}{C_a T} \times 100\%$$

式中　C_a——电池存储前的容量，A·h；

$\quad\quad C_b$——电池存储后的容量，A·h；

$\quad\quad T$——电池存储的时间，常用天、月计算。

（2）荷电保持能力。荷电保持能力是表征电池自放电性能的物理量，它是指电池经一定时间存储后，所剩容量为最初容量的多少，也用百分数表示，即

$$K = \frac{C_b}{C_a} \times 100\%$$

三、蓄电池的运行方式及有关术语

根据使用要求所需电压和电流，可将同型号蓄电池串联、并联或串并联组成蓄电池组。蓄电池组一般有两种方式运行，即充放电运行方式和浮充电运行方式。

1. 充放电运行方式

蓄电池组通过放电，向直流负荷进行供电。放电结束后，将蓄电池接到充电装置上，进行充电。这种运行方式充放电频繁，蓄电池老化快，寿命短，运行维护工作量大。

2. 浮充电运行方式

正常时，蓄电池组和整流设备并接在直流母线上，整流设备一方面向直流负荷供电，一方面以较小的充电电流向蓄电池浮充电，以补充蓄电池的自放电。当交流系统或整流设备故障时，甚至全所停电，由蓄电池维持向直流负荷的连续供电，保证供电不中断。

在浮充电运行方式下，蓄电池的使用寿命长，工作可靠性高，维护工作量小，且整个直

流系统设备使用效率高，所以，在变电所中，广泛采用浮充电运行方式。

充电是蓄电池日常维护管理的重要工作，充电设备和充电技术是做好充电工作的重要技术基础。下面介绍几种蓄电池的充电方法。

(1) 恒流充电。充电过程采用恒定不变的电流进行充电。这种充电方法适合于由多数电池串联的电池组，落后电池的容量易于恢复。缺点是开始充电阶段电流过小，在充电后期充电电流又过大，整个充电时间长，析出气体多，对极板冲击大，能耗高，充电效率低。这种充电方法目前已很少采用。

(2) 恒压充电。在充电过程中，以一恒定电压进行充电。充电初期电流相当大，随着充电进行，电流逐渐减小，在充电终期只有很小的电流通过。这种方法较简单，充电过程析出气量少，充电时间短，能耗低，充电效率较高。缺点是在充电初期，若充电电流很大，电池可能因过流而受到损伤；若充电电压选择过低，会造成充电时间过长；对落后电池的完全充电很难完成。

(3) 恒压限流。在充电电源与电池之间串联一电阻，称为限流电阻。当电流大时，其上的电压降也大，从而减小充电电压；当电流小时，用于电阻上的电压降也很小，充电设备输出电压降损失就小。这种方法弥补了恒压充电的缺点，能自动调整充电电流，使之不超过某个限度，充电初期的电流得到控制。

(4) 快速充电。这种方法是使电流以脉冲方式输给电池，并随着充电时间的延续，电池有一个瞬时的大电流放电（称为负脉冲），使电极去极化。

快速充电要有专用的充电设备提供脉冲电流和负脉冲，以保证充电时既不产生大量气体又不发热，从而达到缩短充电时间的目的。

(5) 智能充电。在传统的充电技术中，没有动态跟踪电池的实际状态和可接受充电电流大小的技术。智能充电就是动态跟踪电池可接受的充电电流，应用 dU/dt 技术。充电装置与电池组成反馈闭环控制回路，自动调节器根据电池的状态确定充电工艺参数，充电电流从始至终处在电池的可接受充电电流曲线附近，使电池几乎在无气体析出的条件下充电，做到既节约用电又对电池无损伤。

(6) 均衡充电。对于一组浮充运行的蓄电池，虽然蓄电池的全组电池都处于同样条件下，但由于某种原因，有可能造成全组电池不均衡。在这种情况下，应采用均衡充电的方法来消除电池之间的差别，以达到全组电池的均衡。

均衡充电是用小电流进行 $1\sim3h$ 的过充电过程，均衡充电不能频繁进行。

(7) 补充充电和初充电。电池搁置一段时间后，需进行适当的补充充电，以补充因自放电造成容量的减少。

对于新电池，在投入使用前要按厂家说明书中的规定进行初次充电。

第三节　蓄电池直流系统

蓄电池直流系统的接线与蓄电池类型、运行方式和蓄电池组数等有关。根据运行方式，可分为充放电运行的蓄电池直流系统和浮充运行的蓄电池直流系统。由于蓄电池浮充运行具有前述的优点，所以，在变电所中，广泛采用浮充运行的蓄电池直流系统，下面仅介绍这种直流系统。

一、铅酸蓄电池的直流系统

由一组铅酸蓄电池构成的蓄电池直流系统的接线如图7-3所示。直流系统采用单母线分段接线，为母线段Ⅰ、Ⅱ。系统中只装设了一组蓄电池，通过刀开关 QK1、QK2 可随意接到任一母线上，也可同时接到两段母线上（此时两母线并联运行）。浮充设备 U1 和充电设备 U2 分别接在两段母线上，当交流所用电有双电源时，充电和浮充设备应接在不同的交流电源上。直流系统中还接有绝缘监察装置、电压监察装置和各种测量表计等。

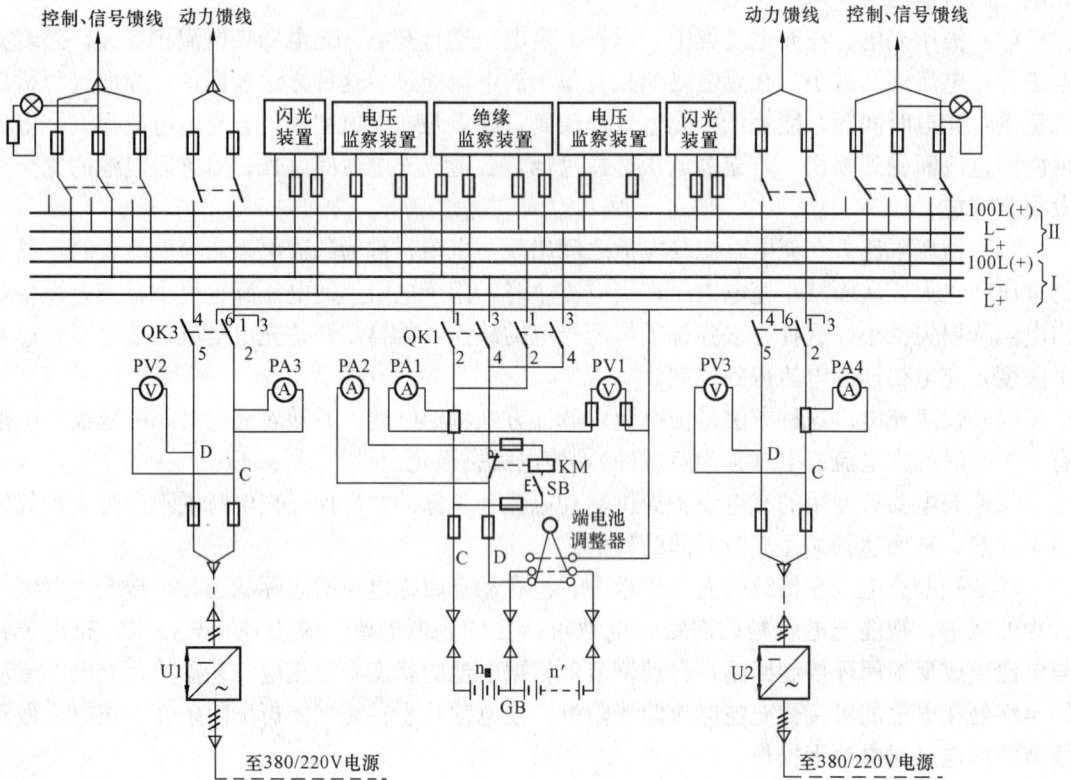

图7-3 一组蓄电池构成的直流系统

正常运行时，浮充设备和充电设备负责向直流负荷供电，并兼向蓄电池浮充电。利用蓄电池内阻小，伏安特性平坦的特点，使其主要担负向短时冲击负荷的供电。在交流系统故障时，由蓄电池供电给直流负荷。

在蓄电池回路中，电流表 PA1 为双向电流表，用以监视充电和放电电流。电流表 PA2 用来测量浮充电电流，正常时被短接，测量时，可利用按钮 SB 使接触器 KM 的常闭触点断开后测试。电压表 PV1 用来监视蓄电池端电压。

蓄电池在放电过程中，端电压会下降，从而影响直流母线电压的稳定，为了保证直流母线电压的稳定，可采用端电池和端电池调整器。设有端电池的蓄电池组由基本电池和端电池组成。所谓基本电池是指一直接在直流母线上的电池，而端电池是指根据运行需要可投切的电池。利用端电池调整器来实现端电池的投切。端电池调整器有手动方式和自动方式，使用较广的是自动方式。在变电所中，有许多浮充运行的蓄电池直流系统不设置端电池。

对于 220kV 及以上或重要的 110kV 变电所，采用两组蓄电池的直流系统，如图7-4所示。该接线中装设了两组蓄电池，分别接在不同的分段母线上。在正常运行情况下，两段母线间的联络刀开关打开，整个直流系统分成为两个没有电气联系的部分。在每段母线上接一台浮充设备，两组蓄电池共用一台充电设备，充电设备经两个刀开关分别接到两组蓄电池的出口，可分别对其进行充放电。每段母线设有单独的电压监视和绝缘监察装置。调压设备接在蓄电池和直流母线之间。当其中一组蓄电池因检修或充放电需要从母线上断开时，分段开关合上，两段母线的直流负荷由另一组蓄电池供电。

在阀控免维护蓄电池构成的直流系统（新建变电所均采用）中，广泛采用高频开关式整流设备。这种设备是一种智

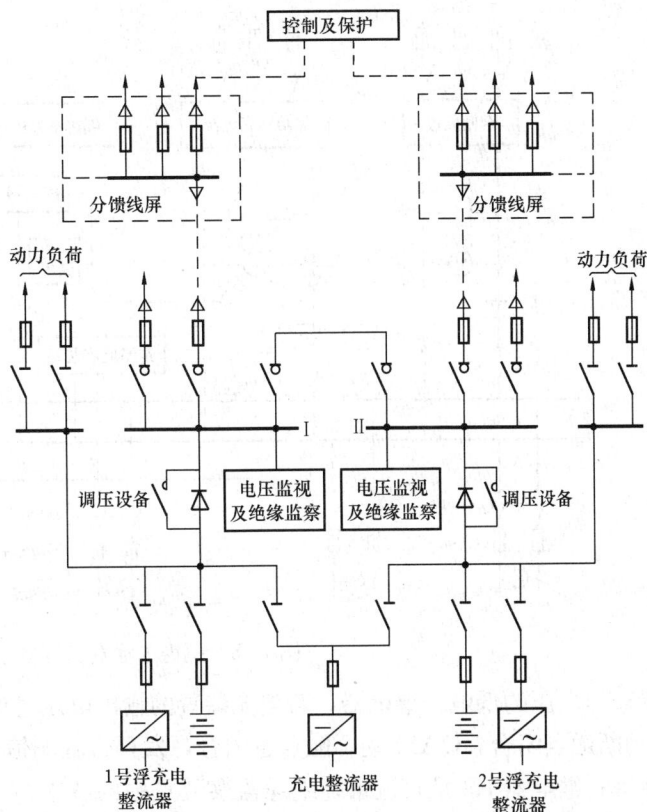

图 7-4 两组蓄电池构成的直流系统

能型充电设备，它由交流配电横块、整流模块、集中监控模块和直流配电模块组成。交流模块是对交流电源进行处理、保护、监视，并与整流模块接口。整流模块将交流转变为直流。直流配电模块负责向直流负荷供电。集中监控模块用于对交流输入电源、整流模块、输出电源及蓄电池组进行智能管理，并实现数据监测、定值设定、越限报警、并设置串行通信接口，可实现遥测、通信和遥控等。

二、镉镍蓄电池的直流系统

国内制造厂生产和提供成套镉镍蓄电池直流屏，是一种高性能直流不停电电源。它具有可靠性高、适应性强、使用寿命长、电压稳定、放电倍率高、维护简便、占地面积少、无污染等特点。适用于110kV及以下电压等级的变电所，容量在100A·h以下的场所，一般采用高倍率的镉镍蓄电池。

图7-5示出了镉镍蓄电池直流屏简化电路。该套装置设有合闸母线和控制母线，一组镉镍电池、一台充电设备，电池采用浮充运行方式；有两回交流电源，一回供合闸母线，另一回经整流后供控制母线，并作为电池的浮充电设备。在交流输入、直流输出回路选用自动开关，并设有熔断器保护；母线上设有绝缘监察装置、电压监视及信号装置、闪光装置，并装有母线电压表、电池充电电流表和控制回路电流表。

继电器K1是监视合闸装置输出电压的低电压继电器。若电压过低，K1动作，其动断触点闭合，发预告音响信号，并点亮"合闸母线电压过低"光字牌；继电器K2是监视浮充

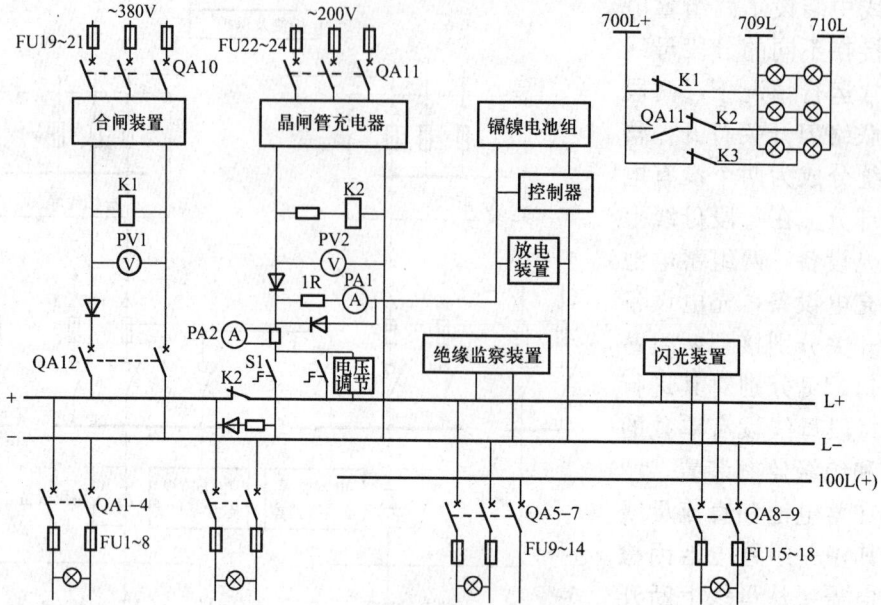

图 7-5　镉镍电池直流屏电路

装置输出电压的低电压继电器，若浮充装置的输出电压过低，K2 动作，在 QA11 闭合状态，K2 动断触点闭合，QA11 动合触点也闭合，发预告音响信号，并点亮"控制母线电压过低"光字牌；继电器 K3 是直流系统绝缘监察装置中的继电器，当绝缘降低或一点接地，K3 动作，其动断触点闭合，发预告音响信号，并点亮"母线绝缘下降"光字牌。

第四节　硅整流电容储能直流系统

硅整流直流电源与蓄电池组相比，由于具有寿命长、投资省、维护简便、占地面积小等优点，在中小型变电所中得到应用，尤其是 35kV 及以下变电所应用更广。但硅整流电源是一种非独立式电源，与一次交流系统的运行工况有关。由于操作电源的重要性，必须采取相应措施以保证和提高该种电源的供电可靠性。

一、保证供电可靠性的措施

保证整流式电源供电可靠性的措施有很多，在此介绍两种主要措施。

（1）采用可靠的交流电源。整流装置的输入电源一般是交流 380V，它直接影响到整流式电源的输出，为保证该电源的可靠性，一般需要采用两路互为备用的所用电源作为交流输入。可采用以下两种方法。

1）一路取自本所的所用变压器，另一路取自与本所无直接电气联系的电源。

2）若变电所的主接线在高压侧有断路器时，一台所用变压器接负荷出线侧，另一台所用变压器接在电源进线断路器外侧，如图 7-6 所示。所用变压器 T1 接在电源进线断路器 QF1 的外侧，所用变压器 T2 接在负荷侧母线上。由于主变压器通常采用 Yd11 接线，若两台所用变压器采用 Yyn12 接线方式，在运行中，必须一台运行，另一台备用。在低压侧装有备用电源自动装置，可进行自动投切。

（2）在一次交流系统故障情况下，为保证向重要的继电保护、断路器的跳闸回路及自动装置可靠供电，主要采用了储能电容器和复式整流的方法。

二、硅整流电容储能直流系统

硅整流电容储能直流系统的接线如图 7-7 所示。由图可见，该电源由两组整流器 U1、U2，两组储能电容器 CⅠ、CⅡ，两台隔离变压器 T1、T2 及相应的开关、电阻、二极管、熔断器等组成。

1. 直流母线

设有合闸母线Ⅰ和控制母线Ⅱ。合闸母线接断路器的合闸回路（尤其是具有电磁操动机构的断路器合闸线圈回路的供电），同时兼向控制母线负荷供电。控制母线仅用作向控制、保护和信号回路供电。在两母线间设有逆止元件——二极管 V3，防止合闸母线或断路器合闸时，控制母线电压严重下降，影响控制和保护回路供电的可靠性，同时也为了避免 U2 过流。限流电阻 R1 用于限制流过 V3 的电流，保护 V3。

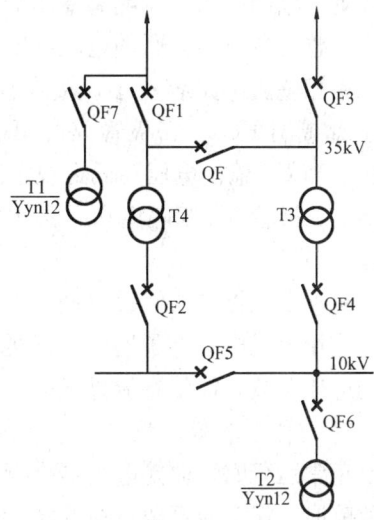

图 7-6　所用变压器电源引接方式

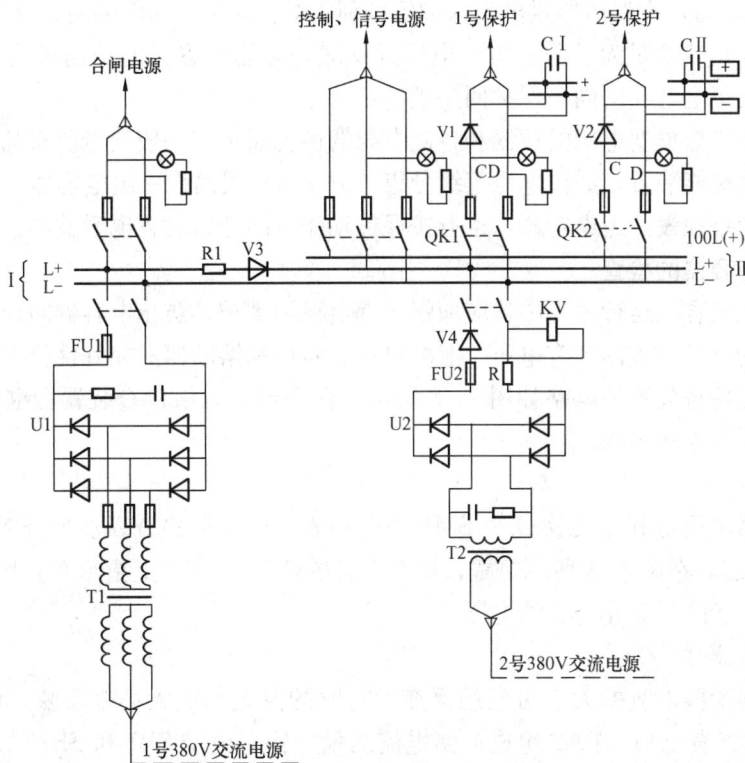

图 7-7　硅整流电容储能直流系统的接线

2. 整流回路

设有两回整流电路，分别接在合闸母线和控制母线上。三相整流回路容量大，接在合闸母线上。该回路由三相隔离变压器 T1、起短路保护的熔断器、三相桥式整流器 U1、刀开关组成。整流器输出并联的电阻和电容串联电路起过电压保护和吸收缓冲作用。

单相整流电路容量小，接在控制母线上。该回路由隔离变压器 T2、单相桥式整流器 U2、熔断器 FU2、二极管 V4、电压继电器 KV 等组成。继电器 KV，用于监视 U2 的输出电压，当 U2 输出电压降低到规定值或消失时，KV 返回，发预告信号，故也称电源监视继电器。二极管 V4 起隔离和逆止作用，防止 U2 输出电压消失后，因母线 I 供电，KV 不能动作。

隔离变压器二次侧设有抽头，可实现电压调节。

应用现代电力电子器件构成的可控 AC-DC 装置的整流回路，通过调节电路，可实现自动电压调节，能使直流母线电压到达很高的稳定度。

3. 储能电容器

正常运行时，储能电容器进行浮充储能（补充泄漏的电量）；在交流系统故障或整流装置故障时，保证对重要负荷的持续供电。

直流系统中设有两组储能电容器 CI、CII，一组向 10kV 线路的继电保护和跳闸回路供电；另一组向主变压器和电源进线的继电保护和跳闸回路供电，以便当 10kV 线路故障，继电保护动作而断路器操动机构失灵拒绝动作（此时由于跳闸线圈长时间通电，已将电容器 CI 的电量耗尽）时，主变压器过电流保护仍可利用 CII 的储能动作跳闸。

逆止元件 V1、V2 是为了防止电源电压降低时，储能电容器向控制母线及其他元件放电，也可避免两组电容器向同一保护回路供电。

电容器分组应根据变电所的接线和各侧电源的情况而定，一般变电所有几级保护，就需装设几组电容器储能装置。如按电压等级分组，6~10kV 线路设一组电容器，主变压器保护和电源进线保护单独设一组电容器，也有按保护动作时间分组设置电容器的。

三、储能电容器的检查

电容器储能装置在运行过程中，应加强日常监视和维护，防止电容器的开路和失效。电容器储能装置的日常检查内容有电压、泄漏电流、容量和熔断器的完好性检查。

储能电容器检查装置的电路如图 7-8 所示。由图可见，该检查装置由继电器、转换开关、按钮和测量仪表等组成。

1. 电压检查

储能电容器电压是利用转换开关 SM1 和电压表 PV 进行检查。切换开关 SM1 可选测 CI 或 CII 的电压，在图 7-8 所示位置，将 PV 接在 CI 上，PV 上指示 CI 上的电压；若将 SM1 投向右边，则 PV 指示 CII 的电压。

2. 泄漏电流检查

储能电容器泄漏电流的大小可利用浮充运行时的浮充电流大小来反映。该装置由按钮 SB1、SB2 和电流表 PA1、PA2 组成泄漏电流测量回路。由于 SB1 和 SB2 的动断触头将电流表 PA1 和 PA2 短接，所以，平时电流表无指示（为零）。当检查泄漏电流时，按下对应按钮，将电流表串联接入电容器电路，测试得到电流值，例如，按下 SB2，PA1 接入电路，显示 CI 的泄漏电流值。当检查完毕，放开按钮，电流表再次被短接。

在按下测试按钮时，利用按钮的动断触点切断储能电容器的容量检查电路。

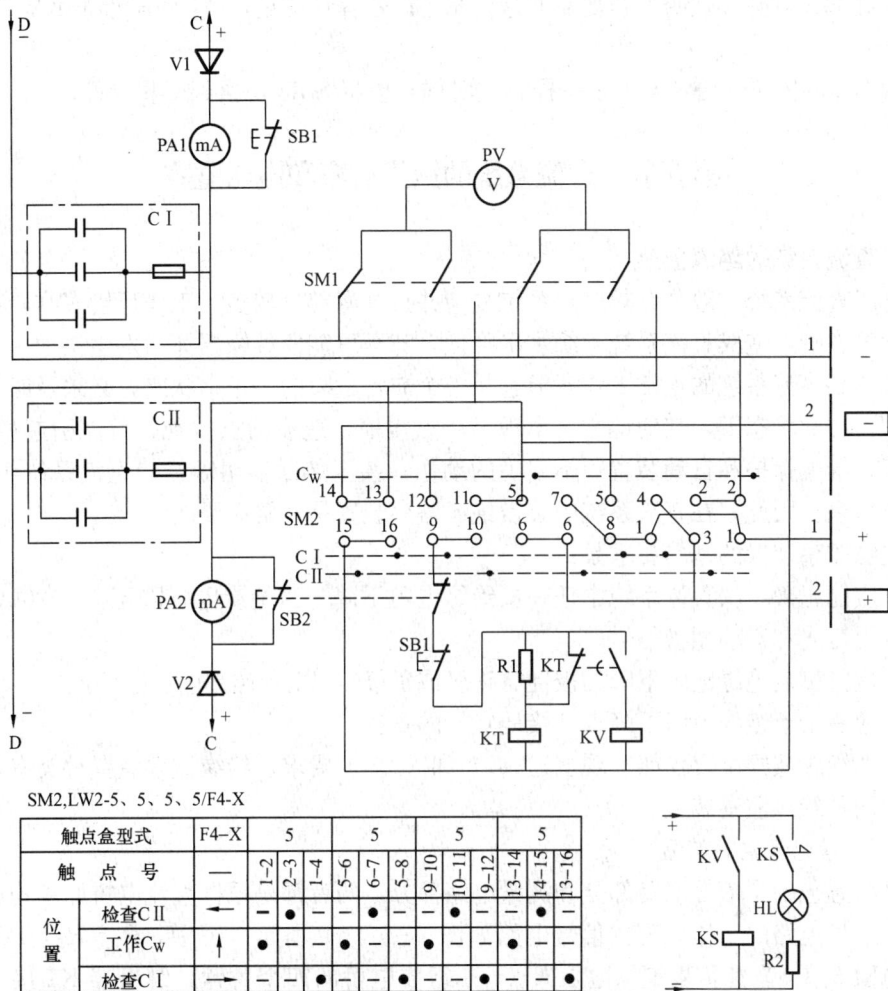

图 7 - 8　储能电容器检查装置电路

3. 容量检查

容量检查电路由时间继电器 KT、电压继电器 KV、电阻 R、信号继电器 KS、信号灯 HL 和转换开关 SM2 组成。

本装置进行容量检查的根据是：储能电容器在一定的放电时间后（通过时间继电器放电），仍能使电压继电器动作，表示容量充足。若不能使电压继电器动作，则表示容量不足。下面以检查 C I 容量为例说明该回路的工作原理。

正常工作期间，转换开关 SM2 在 Cw 位置，母线＋、－由 C I 供电，母线田日由 C II 供电。

当检查 C I 时，将 SM2 切换到 C I 操作位置，此时母线＋、－倒向母线田日由 C II 供电，同时 C II 经 SM2 的 12-9、SB1 动断触点、KT 瞬动动断触点、KT 线圈，接入容量检查电路。时间继电器受电动作，KT 瞬动动断触点断开，同时电阻 R1 串入电路，减缓 C I 向 KT 线圈放电速度。当延时时间到，延时闭合动合触点 KT 闭合，KV 带电，若 C I 容量充足，C I 的残压大于 KV 动作电压，则 KV 动作，其动合触点闭合。启动信号继电器 KS，并使信号灯 HL 点亮，表明电容器 CⅠ 容量充足；若容量不足，CⅠ 残压小于 KV 动作电压，KV 不动作。

检查 CⅡ 的容量，方法与 CⅠ 一样，这时候，应将 SM2 切换到 CⅡ 位置。

第五节 直流系统的绝缘监察和电压监察

一、直流系统的绝缘监察

变电所直流系统一般分布较广，系统复杂并且外露部分较多，工作环境多样，易受外界环境因素的影响，造成直流系统绝缘水平降低，甚至可能使绝缘损坏而发生接地。一点接地虽不会影响到直流系统的正常工作，但它是一个非常危险的不正常状态，必须及时发现和处理。否则，在此状态下，其他地方又出现另一点接地，造成两点接地，可能引起控制回路、信号回路、继电保护和自动装置等不正确的动作，甚至熔断器熔断，使直流系统供电中断，造成严重后果。因此，在直流系统中装设绝缘监察装置是非常必要的。

对绝缘监察装置的基本要求是：

（1）应能正确反映直流系统中任一极绝缘电阻下降。当绝缘电阻降至 $15 \sim 20 k\Omega$ 及以下时，应发出灯光和音响预告信号。

（2）应能测定绝缘电阻下降的极性（正极或负极），以及绝缘电阻的大小。

（3）应有助于绝缘电阻下降点（接地点）的查找。

早期的绝缘监察装置仅能实现上述（1）和（2）的要求。绝缘监察装置种类有很多，下面仅介绍两种绝缘监察装置。

1. 电磁型绝缘监察装置

这种装置包括了信号电路部分和测量电路部分，两者都是根据直流电桥原理构成的。

（1）信号电路的工作原理。信号电路如图 7 - 9（a）所示。图中，$R_1 = R_2 = 1 k\Omega$，与正极绝缘电阻 R（+）和负极绝缘电阻 R（-）组成电桥的四个桥臂，继电器 K1 接在电桥的对角线上，相当于电桥中的检流计。

直流系统正常时，电桥平衡，K1 中无电流，或只有很小的电流，因此 K1 不会动作。当某一极绝缘电阻下降，电桥将失去平衡，K1 中流过的电流增大。绝缘电阻下降越多，流过 K1 的电流也越大。当绝缘电阻达到或低于 $15 \sim 20 k\Omega$，K1 动作，发出灯光和音响信号，引起值班人员的注意。

（2）绝缘电阻下降的极性测量电路。根据信号电路发出的预告信号，值班人员可利用该电路来判定绝缘电阻下降的极性，即是正极还是负极。电路如图 7 - 9（b）所示，它是由转换开关 SA 和高内阻电压表 PV1 组成。

SA 有三个操作位置，分别是"+"、"-"和"m"，PV1 对应可测量出正极对地电压 U（+）、负极对地电压 U（-）和直流母线电压 U（m）。若 U（+）= 0，U（-）= 0，表示直流系统正常；若 U（+）≤ U（m），U（-）= 0，表明负极绝缘电阻下降，尤其当 U（+）= U（m）时，表明负极接地；若 U（+）= 0，U（-）≤ U（m）时，表明正极绝缘电阻下降，若 U（+）= 0，U（-）= U（m）时，表明正极接地。

（3）绝缘电阻测量电路。测量电路如图 7 - 6（c）所示。图中，$R_3 = R_4 = R_5 = 1 k\Omega$，和 R（+）、R（-）构成直流电桥。PV2 是一个高内阻磁电式电压表，盘面采用双刻度，即电

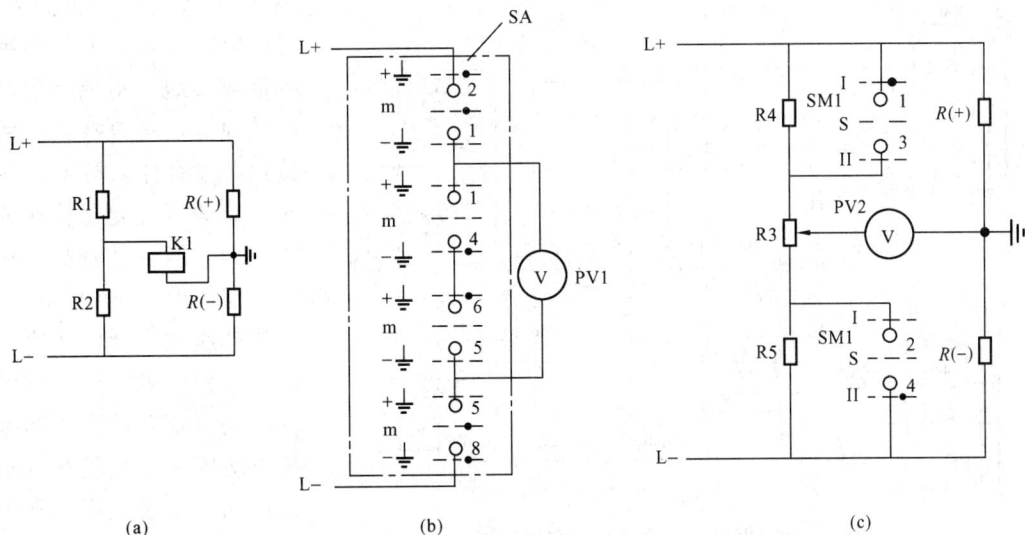

图 7 - 9 绝缘监察装置的信号电路和测量电路

（a）信号电路图；（b）绝缘电阻下降的极性测量电路图；（c）绝缘电阻测量电路

压刻度和欧姆刻度，用于测量直流系统总的绝缘电阻，也称为绝缘监察电压表。SM1 是一转换开关，通常情况下，位于"S"位置。

直流系统正常情况下，R3 的触头位于中间，故电桥平衡，欧姆刻度指向∞。当知道正极绝缘电阻下降后，将 SM1 置在"Ⅰ"位置，将 R4 短接，调整 R3 使电桥平衡，读取 R3 上的百分数 X；再将 SM1 置于"Ⅱ"位置，读取绝缘检查电压表的欧姆读数 R（直流系统对地总绝缘电阻），利用下面公式可计算出 R（+）和 R（-）。

$$R（+）=\frac{2R}{2-X}$$

$$R（-）=\frac{2R}{X}$$

当负极绝缘电阻下降后，将 SM1 置在"Ⅱ"位置，将 R5 短接，调整 R3 使电桥平衡，读取 R3 上的百分数 X；再将 SM1 置于"Ⅰ"位置，读取绝缘检查电压表的欧姆读数 R（直流系统对地总绝缘电阻），利用下面公式可计算出 R（+）和 R（-）。

$$R（+）=\frac{2R}{1-X}$$

$$R（-）=\frac{2R}{1+X}$$

（4）绝缘监察装置电路。图 7 - 10 所示是接在分段直流母线上的绝缘监察装置电路。由图可以看出，装置中对每一段直流母线都配有一套信号电路，而测量电路只有一套，两母线公用。但当两母线并联运行时，只投一套信号电路，由图可见，两母线并联运行时，QK1 和 QK2 动断触点打开，K1 对应的信号电路切断。这样设计的目的是为了避免影响监察装置的灵敏度和降低直流系统的工作可靠性。

图 7 - 10 中的 SM 转换开关是用于切换测量电路的投切母线段。

电磁型绝缘监察装置接线简单，价格便宜，应用较广泛。其缺点是：当正负极绝缘电阻

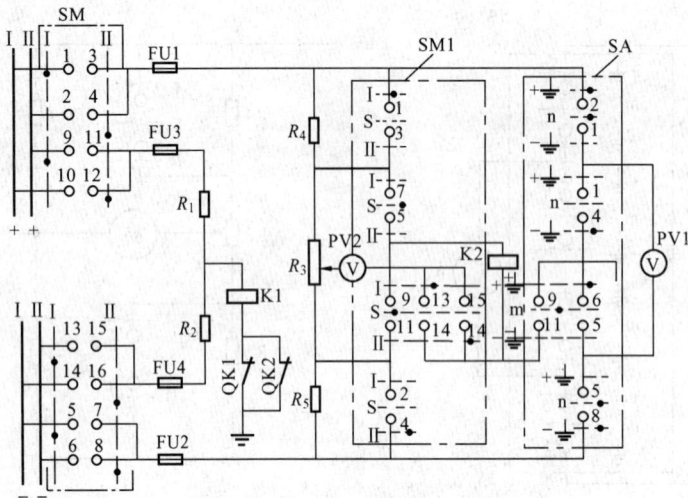

图 7-10　电磁型绝缘监察装置电路

同时降低时，不能发出信号，只能发现直流系统绝缘降低或接地，不能确定具体的接地点，对查找直流系统接地，没有什么指导作用。

2. 电子型绝缘监察装置

为了能自动查找直流系统一点接地，不少科技工作人员开展了广泛的研究，提出了多种探测方法，如低频探测法、变频探测法和差流探测法等，并且已开发出相应产品，投入工程实际中使用。下面介绍一种基于低频探测法的电子型绝缘监察装置工作原理。

电子型绝缘监察装置的原理接线如图 7-11 所示。装置中有低频信号发生器，产生一低频小信号加在直流母线与地之间。在直流屏的各馈线回路上装有互感器，正常运行情况下，

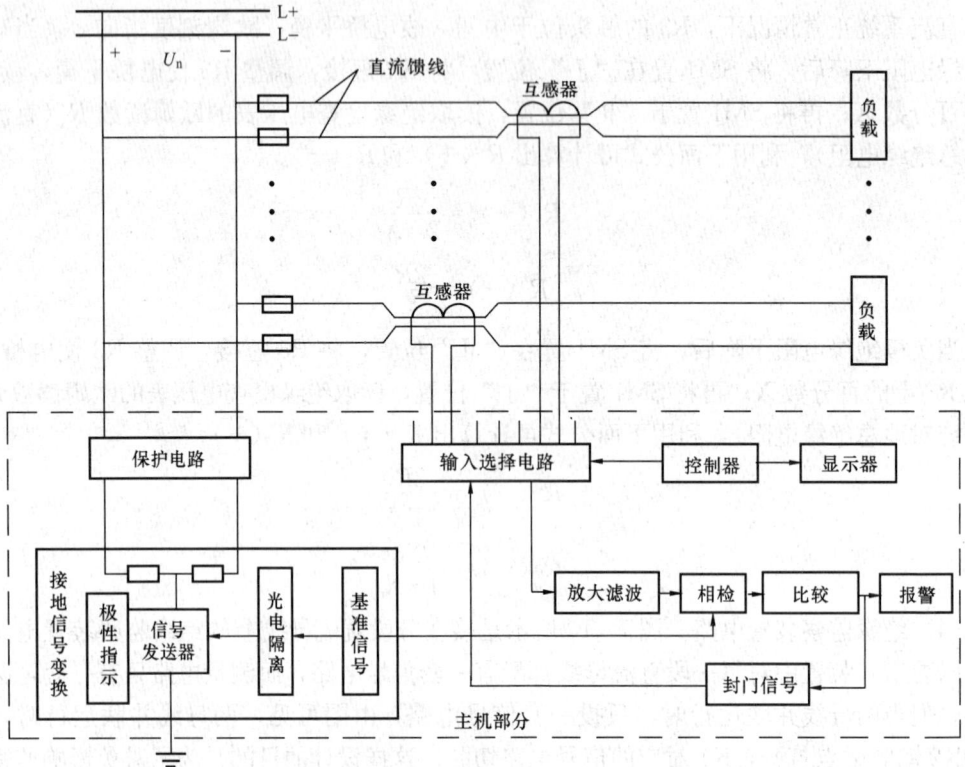

图 7-11　电子型绝缘监察装置原理接线

由于低频信号没有构成通路，所以各馈线上的互感器二次输出为零。当某一馈线回路的绝缘

电阻下降或接地，形成低频信号通路。低频信号将在该馈线上的互感器一次侧通过，互感器二次侧将产生一个微弱的低频小信号。该信号经滤波放大，相位比较等环节处理，使信号装置动作，发出相应信号。利用数码可显示出现绝缘电阻下降或接地的直流馈线的名称和编号。

　　装置内部对信号的处理还可以采用单片微机系统，这种装置往往是一种多功能装置，还可实现直流母线电压测量、直流正负极对地电压测量、计算和显示各极绝缘电阻值以及监察直流电压过高或过低等功能。

二、直流系统的电压监察

　　直流系统的电压过高，对长期带电的设备，如继电器、型号灯等，会造成损坏或缩短使用寿命；电压过低，可能使继电保护装置和断路器的操动机构出现拒动或不正确动作。因此，在直流系统中应设置电压监察装置，监视直流系统的电压。当电压过高或过低，应发出相应信号，通知值班人员，及时采取相应措施。

　　最简单的电压监察装置是由低电压继电器和过电压继电器组成，如图 7 - 12 所示。低电压继电器 KV1 的动作电压整定为直流母线额定电压的 0.75 倍，过电压继电器 KV2 的动作电压整定为直流母线额定电压的 1.25 倍。直流母线电压在 $(0.75\sim1.25)\ U_N$ 工作范围内时，KV1 动断触点和 KV2 动合触点打开，无信号发出。当电压过低，KV1 动作，其动断触点闭合，点亮对应光字牌，并发出音响预告信号。当电压过高，KV2 动作，其动合触点闭合，点亮对应光字牌，并发出音响预告信号。

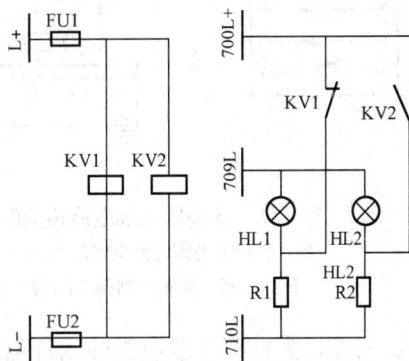

图 7 - 12　电磁型电压监察电路

三、闪光电源与闪光装置

　　在有人值班变电所的运行操作中，常用信号灯发闪光，来引起运行人员的高度重视，避免误操作，或及时对发生的事件进行处理。为了使信号灯发闪光，需设置闪光装置，以获得闪光电源。

　　在直流系统中设有闪光小母线 M100（＋），所有需要发闪光的信号灯，直接从闪光小母线上引接。闪光小母线上的电源则由闪光装置实现。

　　闪光装置的实现方法有采用中间继电器实现和采用闪光继电器实现，下面介绍利用闪光继电器实现的闪光装置。

　　1. 闪光继电器

　　图 7-13（a）所示为 DX－3 型闪光继电器的内部电路。由图可见，它是由线圈 K、电阻 R、电容 C 和若干辅助触点组成。

　　2. 闪光装置电路和工作原理

　　由 DX－3 型闪光继电器构成的闪光装置电路如图 7 - 13（b）所示。闪光装置是由闪光继电器、试验按钮 SB 和白色信号灯 HL1 组成。闪光继电器接在正电源和闪光小母线上，试验按钮 SB 和白色信号灯 HL1 是用于检查闪光装置和电源熔断器的完好性。

　　通常情况下（未按下试验按钮时），正极＋—FU1—SB 动断触点—HL1—R1—FU2—负极回路接通，信号灯发平光。当按下按钮 SB，信号灯接到闪光小母线，接通＋—

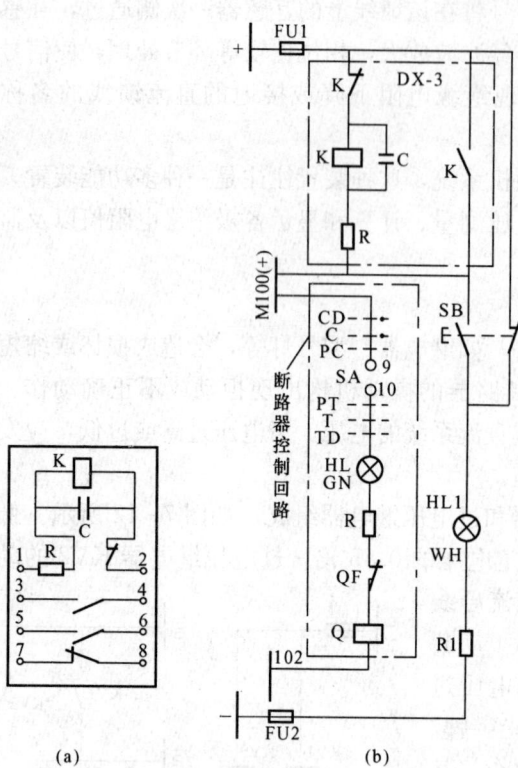

图 7-13　DX-3 型闪光继电器构成的闪光装置
(a) DX-3 型闪光继电器的内部电路；
(b) DX-3 型闪光继电器构成的闪光装置图

FU1—K 动断触点—K 线圈和电容 C—R—SB—HL1—R1—FU2——负极，由于 R 的分压作用，HL1 信号灯的电压减小，信号灯变暗，同时电容 C 开始充电。随着充电的进行，K 线圈上的电压逐渐增大，经过一定时间，线圈上的电压达到其动作值，闪光继电器动作，则其动断触电断开，动合触点闭合，直流母线电压加在信号灯上，信号灯变亮，同时电容开始向线圈放电，电压下降。经过一定时间后，线圈电压达到其返回值，闪光继电器返回，其动断触点闭合，动合触点打开，信号灯再次变暗，重复上述过程，信号灯发闪光。

由上面的分析可知，闪光装置的工作必须有相应的启动回路，如上面的试验按钮和试验信号灯回路。对于需要发闪光的控制信号电路，需将其相应的条件电路作为闪光电源的启动回路，接在闪光小母线和负电源之间。如图 7-13（b）所示，某一断路器的控制回路引接到闪光小母线上，要求在断路器事故跳闸时信号灯（绿灯）能发闪光，为此将事故跳闸的条件电路和信号灯接在了闪光小母线和负电源之间。事故跳闸的启动回路是利用 QF 和 SA 的"不对应"原则来实现的。当断路器在合闸位置时，SA 处在 CD 位置，9-10 接通，QF 动断触点断开，不发闪光；但当事故跳闸时，QF 闭合，信号灯通过启动回路接通闪光小母线和负电源，发出闪光。

需要指出的是，闪光小母线仅在有人值班的变电所且采用常规控制方式时才采用。随着变配电自动化系统的应用，无人值班或采用微机监控的有人值班变电所，断路器的合跳闸操作更多的是采用按钮操作，在此系统中已不再设置闪光小母线。

第六节　直 流 供 电 网 络

变电所的直流供电网络是由直流母线引出，供电给各直流负荷的中间环节，它是一个庞大的多分支闭环网络。直流网络可根据负荷的类型和供电的路径，分为若干相互独立的分支供电网络，例如控制、保护、信号供电网络，断路器合闸线圈供电网络及事故照明供电网络。为了防止某一网络出现故障时影响一大片负荷的供电，也便于检修和故障排除，不同用途的负荷，由单独网络供电。

　　对于重要负荷的供电，在一段直流母线或电源故障时应不间断供电，保证供电的可靠性。为此，新的直流规程规定，宜采用辐射形供电方式或环形供电方式。

　　对于不重要负荷，一般采用单回路供电。

　　各分支网络由直流母线，经直流空气开关（新建 220kV 及以上变电所）或经隔离开关和熔断器引出。

附　　录

附表一　　　　　　　**电气常用新旧图形符号对照表**

序　号	名　　称	图形符号	
		新	旧
1	电流和电压种类		以下同左
1.1	直　流	——	
1.2	交　流	∼	
1.3	交直流	≈	
2	接　地		以下同左
2.1	接机壳、接底板		
2.2	接　地		
3	理想源		以下同左
3.1	理想电流源		
3.2	理想电压源		
4	其他符号		以下同左
4.1	短路故障		
4.2	闪络、击穿		
4.3	导线间绝缘击穿		
4.4	导线接壳		
4.5	导线接地		
5	电机一般符号 "＊"用下列符号代替 G：发电机 GS：同步发电机 TG：测速发电机 M：电动机 MS：同步电动机 SM：伺服电动机	(＊)	

序　号	名　　称	图形符号	
		新	旧
5.1	直流发电机	Ⓖ	Ⓕ
5.2	直流电动机	Ⓜ	Ⓓ
5.3	交流发电机	Ⓖ	Ⓕ
5.4	交流电动机	Ⓜ	Ⓓ
5.5	交直流变流机	Ⓒ	
5.6	交流伺服电动机	SM	
5.7	直流伺服电动机	SM	
5.8	交流测速发电机	TG	
5.9	直流测速发电机	TG	
5.10	交流力矩电动机	TM	
5.11	直流力矩电动机	TM	
5.12	直线电动机	Ⓜ	
5.13	步进电动机	Ⓜ	
5.14	手摇发电机	Ⓖ	
5.15	串励直流电动机	Ⓜ	
5.16	并励直流电动机	Ⓜ	
5.17	他励直流电动机	Ⓜ	

序　号	名　称	图形符号	
		新	旧
5.18	短分路复励直流发电机		
5.19	永磁直流电动机		
5.20	单相交流串励电动机		
5.21	三相交流串励电动机		
5.22	单相推斥电动机		
5.23	三相永磁同步发电机		
5.24	单相同步电动机		
5.25	中性点引出的星形连接的三相同步发电机		
5.26	每相两端都引出的三相同步发电机		
5.27	三相永磁同步电动机		

序　号	名　　称	图形符号		
		新		旧
5.28	两相磁带同步电动机			
5.29	三相鼠笼式异步电动机			
5.30	三相绕线式异步电动机			
6	变压器、电感线圈			以下同左
		形式 1	形式 2	
6.1	双绕组变压器			
6.2	三绕组变压器			
6.3	自耦变压器			
6.4	三相变压器星形－三角形连接			
6.5	单相式变压器组成的三相变压器星形－三角形连接			
6.6	具有有载分接头的三相变压器星形－三角形连接			

序　号	名　　称	图形符号		
		新		旧
		形式 1	形式 2	
6.7	三相变压器星形－星形－三角形连接			
6.8	三相三绕组变压器两个绕组为有中性点引出线的星形中性点接地，第三绕组为开口三角形连接			
6.9	绕组间有屏蔽的双绕组单相变压器			
6.10	单相自耦变压器			
6.11	三相自耦变压器星形连接			
6.12	单相感应调压器			
6.13	三相感应调压器			
6.14	三相移相器			
6.15	电抗器、扼流圈			

序　号	名　　称	图形符号		
		新		旧
		形式 1	形式 2	
6.16	电感、线圈、绕组一般符号			
6.17	电压互感器	用 6.1～6.11 中合适符号		
6.18	电流互感器			
6.19	具有两个铁芯和两个二次绕组的电流互感器			
6.20	具有一个铁芯和两个二次绕组的电流互感器			
6.21	一次绕组为五匝的电流互感器			
7	蓄电池、变换器			以下同左
7.1	蓄电池	形式1 　形式2 　带抽头		
7.2	桥式全波整流器			
7.3	变换器（变速器）			
7.4	整流器			
7.5	逆变器			
7.6	整流逆变器			

续表

序　号	名　　称	图形符号	
		新	旧
8	开关，位置及限位开关		
8.1	断路器		
8.2	隔离开关		
8.3	负荷开关		
8.4	自动释放的接触器，自动空气开关		
8.5	接触器、具有灭弧功能的灭磁开关动合、动断触点		
8.6	多线、单线表示的三极开关		
8.7	热敏开关动合、动断触点		
8.8	热敏自动开关		
8.9	击穿保险		
8.10	熔断器		同左
8.11	避雷器		
8.12	位置、限位开关动合、动断触点		

序　号	名　　称	图形符号	
		新	旧
8.13	中间断开的单极转换开关		同左
8.14	单极四位开关		
8.15	单极多位开关（示出六位）		同左
8.16	手动开关一般符号		
8.17	拉拔开关（不闭锁）动合、动断		
8.18	旋钮（转）开头（闭锁）		
8.19	按钮开关（不闭锁）动合、动断		
8.20	操　作　开　关（示出 LW2－Z－1a，4，6a，40，20，20/F8 型控制开关部分触点图形符号） ——表示手柄操作位置 ·表示手柄在此位置触点闭合		
8.21	电磁锁（钥匙开关）		同左
8.22	连接片		同左

序　号	名　称	图形符号	
		新	旧
8.23	切换片		同左
8.24	端子一般符号可拆卸	○	○ 或 ⌀
9	无源元件及半导体器件		以下同左
9.1	电阻的一般符号		
9.2	分流器		
9.3	可变电阻		
9.4	滑线式电阻		
9.5	滑动电位器		
9.6	电容器—般符号		
9.7	电解电容		
9.8	二极管一般符号		
9.9	发光二极管		
9.10	稳压管		
9.11	单向击穿二极管电压调整二极管		
9.12	阴极受控可控硅		
9.13	双向击穿二极管		
9.14	三极管 PNP、NPN 型		
10	机电式继电器和接触器线圈及触点		
10.1	继电器及接触器线圈	形式1 形式2	

序　号	名　称	图形符号	
		新	旧
10.2	双线圈继电器集中表示	形式1　形式2	
	分开表示	形式1 形式2	
10.3	交流继电器线圈		同左
10.4	极化继电器线圈		
10.5	热继电器驱动器		
10.6	动合触点		
10.7	动断触点		
10.8	先断后合的转换触点		
10.9	先合后断的转换触点		
10.10	延时闭合的动合触点	形式1　形式2	
10.11	延时断开的动合触点		
10.12	延时闭合的动断触点		
10.13	延时断开的动断触点		

序　号	名　　称	图形符号	
		新	旧
10.14	延时闭合、延时断开的动合触点	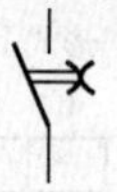	
10.15	闭合时暂时闭合的动合触点		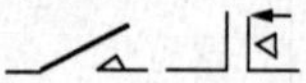
10.16	断开时暂时闭合的动合触点	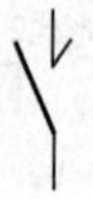	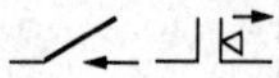
10.17	闭合或断开时暂时闭合的动合触点		
10.18	非电量触点液压或气压动合、动断触点	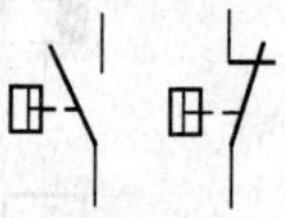	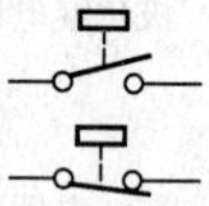
10.19	热继电器动断触点	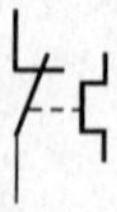	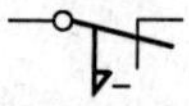
10.20	信号继电器动合、动断触点	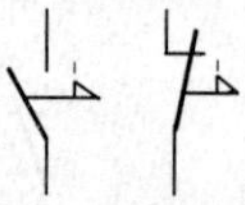	同左
11	测量继电器及保护装置 ＊填写以下图形符号及文字说明： 1. 特性量及功能符号； 2. 功能文字说明缩写符号	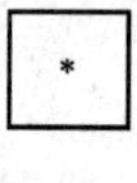 ＊	
11.1	逆电流继电器	 I←	同左
11.2	延时过电流继电器	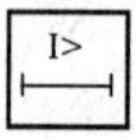 I>	 3I>
11.3	低电压继电器整定范围50~80V	 U< 50~80V	
11.4	过电压继电器	 U>	
11.5	低阻抗继电器	 Z<	同左

序　号	名　　　称	图形符号	
		新	旧
11.6	低功率继电器	P<	同左
11.7	逆功率继电器	P←	同左
11.8	功率方向继电器	P→	同左
11.9	瞬时过电流保护	I>	同左
11.10	延时过电流保护	I>	同左
11.11	反时限过电流保护	I>	同左
11.12	低电压启动的过电流保护	I> U<	同左
11.13	复合电压启动的过电流保护	I> $U_1 < + U_2 >$	同左
11.14	距离保护	Z	Z<
11.15	接地距离保护	Z ⏚	$Z_0 <$
11.16	对称过负荷保护	I> m=3	I> m=3
11.17	差动电流保护	I_d	同左
11.18	比率电流差动保护	I_d/I	同左
11.19	零序电流差动保护	I_{d0}	同左
11.20	发电机横差保护	I_{N-N}	I_{N-N}
11.21	定子接地保护	S ⏚	S ⏚

序　号	名　　称	图形符号	
		新	旧
11.22	转子一点接地保护	$R\frac{\perp}{=}1$	$R\frac{\perp}{=}1$
11.23	转子两点接地保护	$R\frac{\perp}{=}2$	$R\frac{\perp}{=}2$
11.23	非全相运行保护	$I_0>$ $m<3$	同左
11.24	过激磁保护	$\phi>$	$\phi>$
11.25	欠励（或失）磁保护	$\phi<$	$\phi<$
11.26	匝间保护	$N<$	同左
11.27	逆功率保护、功率方向保护	$P\leftarrow$　$\overrightarrow{P}$	同左
11.28	气体保护		同左
11.29	断水保护	H_2O	同左
11.30	热工保护	SC	同左
11.31	失步保护	OS	同左
11.32	断路器失灵保护	B.F.R	同左
11.33	压力释放继电器	SP	同左
11.34	温度、油位继电器	ST　SC	同左
11.35	冷却器故障装置	SF	同左
11.36	电压回路断线监视装置		

序　号	名　　称	图形符号	
		新	旧
11.37	自动重合闸装置	AR 或 0→1	以下同左
11.38	自同期装置	AS	
11.39	自动励磁调节器	AER	
11.40	故障录波装置	FR	
12	指示仪表		以下同左
12.1	仪表电流电压线圈	⊖ ⊘	
12.2	电压表	Ⓥ	
12.3	电流表	Ⓐ	
12.4	有功功率表	Ⓦ	
12.5	无功功率表	var	
12.6	频率表	Hz	
12.7	同期表		
12.8	检流计		
12.9	转速表	n	
13	记录仪表		以下同左
13.1	记录式有功功率表	W	
13.2	记录式无功功率表	16V	
13.3	记录式电流、电压表	A　V	
14	积算仪表		以下同左
14.1	有功电能表（瓦特小时计）	wh	

序 号	名 称	图形符号	
		新	旧
14.2	电能表（测量从母线流出的能量）	（带箭头向右的电能表符号 wh）	
14.3	电能表（测量向母线流入的能量）	（带箭头向左的电能表符号 wh）	
14.4	输出、输入电能表	（带双向箭头的电能表符号 wh）	
14.5	无功电能表	varh	
15	灯、信号器件		同左
15.1	灯、信号灯一般符号如果要求指示颜色则在符号处标出下列字母： RD 红 YE 黄 GN 绿 BU 蓝 WH 白 如果要求指出灯的类型，则在靠近符号处标出下列字母： Ne 氖 EL 电发光 Xe 氙 ARC 弧光 Na 钠 FL 荧光 Hg 汞 IR 红外线 I 碘 UV 紫外线 IN 白炽 LED 发光二极管	⊗	同左
15.2	闪光型信号灯	（带闪光标志的⊗符号）	
15.3	机电式位置指示器	（圆形带斜线符号）	（方框串联符号）
15.4	电铃	（半圆形铃符号）	
15.5	电喇叭	（喇叭符号）	
15.6	蜂鸣器	（半圆形蜂鸣器符号）	
15.7	电警笛、报警器		

序　号	名　　称	图形符号	
		新	旧
16	二进制逻辑器件		
16.1	"或"单元		
16.2	"与"单元		
16.3	输入逻辑非		同左
16.4	输出逻辑非		同左
16.5	异或单元		
16.6	非门		
16.7	3 输入与非门		
16.8	3 输入或非门		
16.9	与或非门		
16.10	RS 触发器 RS 锁存器		
16.11	单稳单元（在输出脉冲期间可重复触发）		
16.12	延迟单元		

附表二		表示种类的单字母符号
字母符号	项目种类	举　　　例
A	组　件 部　件	分立元件放大器、磁放大器、激光器、微波激射器、印刷电路板，本表其他地方未提及的组件、部件
B	变换器 （从非电量到电量或相反）	热电传感器、热电池、光电池、测功计、晶体换能器、送话器、拾音器、扬声器、耳机、自整角机、旋转变压器
C	电容器	
D	二进制单元 延迟器件 存储器件	数字集成电路和器件、延迟线、双稳态元件、单稳态文件、磁芯存储器、寄存器、磁带记录机、盘式记录机
E	杂项	光器件、热器件、本表其他地方未提及的元件
F	保护器件	熔断器、过电压放电器件、避雷器
G	发电机 电　源	旋转发电机、旋转变频机、电池、振荡器、石英晶体振荡器
H	信号器件	光指示器、声指示器
J	用于软件	程序单元、程序、模块
K	继电器	
L	电感器 电抗器	感应线圈、线路陷波器 电抗器（并联和串联）
M	电动机	
N	模拟集成电路	
P	测量设备	测量设备、指示器件、记录器件
Q	电力电路的开关	断路器、隔离开关
R	电阻器	可变电阻器、电位器、变阻器、分流器、热敏电阻
S	控制电路的开关选择器	控制开关、按钮、限制开关、选择开关
T	变压器	变压器、电压互感器、电流互感器
U	调制器 变换器	鉴频器、解调器、变频器、编码器、逆变器、整流器、电报译码器、无功补偿器
V	电真空器件 半导体器件	电子管、晶体管、晶闸管、二极管、三极管、半导体器件
W	传输通道 波导、天线	导线、电缆、母线、波导、波导定向耦合器、偶极天线、抛物面天线
X	端　子 插　头 插　座	插头和插座、测试塞孔、端子板、焊接端子片、连接片、电缆封端和触点
Y	电气操作的机械装置	制动器、离合器、气阀、操作线圈
Z	终端设备 混合变压器 滤波器、均衡器 限幅器	电缆平衡网络 压缩扩展器 晶体滤波器 衰减器、阻波器

附表三 　　　　　　　　　　常 用 辅 助 文 字 符 号

序　号	文字符号	名　称	英 文 名 称
1	A	电　流	Current
2	A	模　拟	Analog
3	AC	交　流	Alternating current
4	A AUT	自　动	Automatic
5	ACC	加　速	Accelerating
6	ADD	附　加	Add
7	ADJ	可　调	Adjustability
8	AUX	辅　助	Auxiliary
9	ASY	异　步	Asynchronizing
10	B BRK	制　动	Braking
11	BK	黑	Black
12	BL	蓝	Blue
13	BW	向　后	Backward
14	C	控　制	Control
15	CW	顺时针	Clockwise
16	CCW	逆时针	Counter clockwise
17	D	延时（延迟）	Delay
18	D	差　动	Differential
19	D	数　字	Digital
20	D	降	Down, Lower
21	DC	直　流	Direct current
22	DEC	减	Decrease
23	E	接　地	Earthing
24	EM	紧　急	Emergency
25	F	快　速	Fast
26	FB	反　馈	Feedback
27	FW	正，向前	Forward
28	GN	绿	Green
29	H	高	High
30	IN	输　入	Input
31	INC	增	Increase
32	IND	感　应	Induction

序　号	文字符号	名　　称	英　文　名　称
33	L	左	Left
34	L	限　制	Limiting
35	L	低	Low
36	LA	闭　锁	Latching
37	M	主	main
38	M	中	Medium
39	M	中间线	mid－wire
40	M MAN	手　动	manual
41	N	中性线	neutral
42	OFF	断　开	Open, off
43	ON	闭　合	Close, on
44	OUT	输　出	Output
45	P	压　力	Pressure
46	P	保　护	Protection
47	PE	保护接地	Protective earthing
48	PEN	保护接地与中性线共用	Protective eaarthing neutral
49	PU	不接地保护	Protective unearthing
50	R	记　录	Recording
51	R	右	Right
52	R	反	Reverse
53	RD	红	Red
54	R RST	复　位	Reset
55	RES	备　用	Reservation
56	RUN	运　转	Run
57	S	信　号	Signal
58	ST	启　动	Start
59	S SET	置位，定位	Setting
60	SAT	饱　和	Saturate
61	STE	步　进	Stepping
62	STP	停　止	Stop
63	SYN	同　步	Synchronizing
64	T	温　度	Temperature

续表

序　号	文字符号	名　　称	英　文　名　称
65	T	时　间	Time
66	TE	无噪声（防干扰）接地	noiseless earthing
67	V	真　空	Vacuum
68	V	速　度	Velocity
69	V	电　压	Voltage
70	WH	白	White
71	YE	黄	Yellow

附表四　　　　　　　　电气常用新旧文字符号对照表

序号	名　　称	新符号 单字母	新符号 多字母	旧符号	序号	名　　称	新符号 单字母	新符号 多字母	旧符号
1	功能单元、组件；电路板；控制（保护）屏、台；装置	A			1.22	（线路）纵联保护装置		APP	
1.1	保护装置		AP		1.23	远方跳闸装置		ATQ	
1.2	电流保护装置		APA		1.24	远动装置		ATA	
1.3	电压保护装置		APV		1.25	遥测装置		ATM	
1.4	距离保护装置		APD		1.26	故障预测装置		AUP	
1.5	电压抽取装置		AVS		1.27	故障录波装置		AFO	
1.6	零序电流方向保护装置		APZ		1.28	中央信号装置		ACS	
1.7	重合闸装置		APR		1.29	自动准同期装置		ASA	
1.8	母线保护装置		APB		1.30	手动准同期装置		ASM	
1.9	失灵保护装置		APD		1.31	自同期装置		AS	
1.10	接地故障保护装置		APE		1.32	巡回检测装置		AMD	
1.11	电源自动投入装置		AAT		1.33	振荡闭锁装置		ABS	
1.12	自动切机装置		AAC		1.34	收发信机		AT	
1.13	按频率减负荷装置		AFL		1.35	载波机		AC	
1.14	按频率解列装置		AFD		1.36	故障距离探测装置		AUD	
1.15	自动调节励磁装置		AER		1.37	硅整流装置		AUF	
	手动调节励磁装置		AMER		2	测量变送器；传感器（由电量到非电量交换或相反）	B		
1.16	自动灭磁装置		AEA						
1.17	强行励磁装置		AEI		3	电容器；蓄电池	C		C
1.18	强行减磁装置		AED		3.1	电容器（组）	C		C
1.19	自动调节频率装置		AFR		3.2	蓄电池组		CB	XDC
1.20	有功功率成组调节装置		APA						
1.21	无功功率成组调节装置		APR						

序号	名称	新符号		旧符号	序号	名称	新符号		旧符号
		单字母	多字母				单字母	多字母	
4	二进制元件；延时、存储器件，数字集成电路、插件	D			9	程序；程序单元；模块	J		J
4.1	数字集成电路和器件	D			10	继电器	K		
4.2	延迟线		DL		10.1	电流继电器		KA	LJ
4.3	双稳态元件		DB		10.2	过电流继电器		KAO	
4.4	单稳态元件		DM		10.3	欠电流继电器		KAU	
4.5	磁芯存储器		DS		10.4	负序电流继电器		KAN	FLJ
4.6	寄存器		DR		10.5	零序电流继电器		KAZ	LOJ
5	发热器件、热元件；发光器件；照明灯	E			10.6	电压继电器		KV	YJ
					10.7	过电压继电器		KVO	
6	直接动作式保护，避雷器；放电间隙；熔断器	F			10.8	欠电压继电器		KVU	
					10.9	负序电压继电器		KVN	FYJ
6.1	避雷器	F			10.10	零序电压继电器		KVZ	LYJ
6.2	熔断器		FU		10.11	频率继电器		KF	
6.3	限压保护器件		FV	RD RRD	10.12	过频率继电器		KFO	
7	发电机，信号发生器；振荡器；振荡晶体	G			10.13	欠频率继电器	K	KFU	
					10.14	差频率继电器		KFD	
7.1	交流发电机		GA		10.15	差动继电器		KD	CJ
7.2	直流发电机		GD		10.16	阻抗继电器		KI	ZKJ
7.3	同步发电机；发生器		GS		10.17	接地继电器		KE	JDJ
7.4	励磁机		GE		10.18	过励磁继电器		KEO	
8	信号器件；声光指示器	H			10.19	欠励磁继电器		KEU	
					10.20	逆流继电器		KR	
8.1	声响指示器		HA		10.21	功率方向继电器		KW	GJ
8.2	电铃		HA		10.22	负序功率方向继电器		KWN	
8.3	蜂鸣器、电喇叭		HA		10.23	零序功率方向继电器		KWZ	
8.4	信号灯		HL		10.24	逆功率继电器		KWR	
8.5	跳闸信号灯		HLT		10.25	同期监察继电器		KY	TJJ
8.6	合闸信号灯		HLC		10.26	失步继电器		KYO	
8.7	光字牌	HL			10.27	重合闸继电器		KRC	
					10.28	重合闸后加速继电器		KCP	JSJ
8.8	光指示器		HL		10.29	母线差动继电器		KDB	

序号	名　称	新符号		旧符号	序号	名　称	新符号		旧符号
		单字母	多字母				单字母	多字母	
10.30	极化继电器		KP		14	指示器件；测量设备；记录器件	P		
10.31	干簧继电器		KRD		14.1	电流表		PA	
10.32	闪光继电器		KH		14.2	电压表		PV	
10.33	时间继电器		KT	SJ	14.3	（脉冲）计数器		PC	
10.34	信号继电器		KS	XJ	14.4	电能表		PJ	
10.35	控制（中间）继电器	K	KC	ZJ	14.5	有功功率表		PW	
10.36	防跳继电器		KCF	TBJ	14.6	无功功率表		PV	
10.37	出口继电器		KCO		14.7	记录仪器		PS	
10.38	跳闸位置继电器		KCT	TWJ	14.8	时钟，操作时间表		PT	
10.39	合闸位置继电器		KCC	HWJ	15	电力回路开关器件	Q		
10.40	事故信号中间继电器		KCA	SXJ	15.1	断路器		QF	DL
10.41	预告信号中间继电器		KCR	YXJ	15.2	隔离开关		QS	G
10.42	同期中间继电器		KCS		15.3	接地开关		QSE	JDK
10.43	固定继电器		KCX		15.4	刀开关		QK	DK
10.44	加速继电器		KCL		15.5	自动开关		QA	ZK
10.45	切换继电器		KCW		15.6	接触器，灭磁开关	Q		C
10.46	重动继电器		KCE		16	电阻器；变阻器	R		R
10.47	脉冲继电器		KM	XMJ	16.1	电位器		RP	
10.48	绝缘监察继电器		KVI		16.2	压敏电阻		RV	
10.49	电源监视继电器		KVS	JJ	16.3	分流器		RS	
10.50	压力监察继电器		KVP		17	控制回路开关	S		
10.51	启动继电器		KST		17.1	控制开关（手动）、选择开关	S	SA	KK
10.52	保持继电器		KL		17.2	按钮开关	S	SB	AN
10.53	收信继电器		KSR		17.3	测量转换开关	S	SM	CK
10.54	停信继电器		KSS		17.4	终端（限位）开关	S		XMK
11	电抗器；电感器（电感线圈）永磁铁	L			17.5	手动准同期开关	S	SSM1	ISTK
12	电动机	M			17.6	解除手动准同期开关		SSM	STK
12.1	同步电动机		MS		17.7	自动准同期开关		SSA1	DTK
13	运算放大器；模拟、数字混合器件	N			17.8	自同期开关		SSA2	ZTK
					18	变压器，调压器	T		B

序号	名　称	新符号		旧符号	序号	名　称	新符号		旧符号
		单字母	多字母				单字母	多字母	
18.1	分裂变压器		TU	B	22.4	插座		XS	
18.2	双绕组变压器；电力变压器		TM	B	22.5	测试端子		XE	
18.3	转角变压器		TR	ZB	22.6	端子排		XT	
18.4	控制回路电源用变压器		TC	KB	23	操作线圈；闭锁线圈	Y		
18.5	自耦变压器		TT		23.1	合闸线圈		Y1	HQ
18.6	励磁变压器		TE	ZT	23.2	跳闸线圈		Y2	TQ
18.7	电压互感器		TV		23.3	电磁铁（锁）		YA	DS
18.8	电流互感器		TA		24	滤波器；滤过器	Z		
19	变换器	U			24.1	有源滤波器		ZA	
19.1	电流变换器（变流器）		UA		24.2	全通滤波器		ZP	
19.2	电压变换器		UV		24.3	带阻滤波器		ZB	
19.3	电抗变换器		UR		24.4	高通滤波器		ZH	
19.4	鉴频器	U	UD		24.5	低通滤波器		ZL	
19.5	解调器，励磁交流器	U	UE		24.6	无源滤波器		ZV	
19.6	编码器	U	UC		25	交流系统相序			
19.7	逆变器	U	UL	NB	25.1	电源相序			
19.8	整流器	U	UF	ZL		第一相		L1	A
20	半导体器件；晶体管，二极管	V				第二相		L2	B
21.1	发光二极管		VL			第三相		L3	C
21.2	稳压器		VS		25.2	设备端相序			
20.3	可控硅元件		VSO			第一相		U	A
20.4	三极管	V	VT			第二相		V	B
21	导线；电缆；母线；信息总线；天线；光纤	W				第三相		W	C
22	端子，插头，插座；接线柱	X				中性线		N	N
						保护接地		PE	
						接地	E		
22.1	连接片；切换片		XB	LP、AP	26	直流系统电源			
22.2	测试插孔		XJ			正		L+	
22.3	插头		XP			负		L−	
						中间线	M		

附表五　　　　　　　　　　　**小母线新旧文字符号及其回路标号**

序号	小母线名称	旧符号及标号		新符号及标号	
		文字符号	回路标号	文字符号	回路标号
（一）直流控制、信号和辅助小母线					
1	控制回路电源	+KM、−KM	1、2；101、102；201、202；301、302；401、402	L+　L−	101、102；201、202；301、302；401、402
2	信号回路电源	+XM、−XM	701、702	700L+、700L−	7001、7002
3	事故音响信号（不发遥信时）	SYM	708	708L	708
4	事故音响信号（用于直流屏）	1SYM	728	728L	728
5	事故音响信号（用于配电装置）	2SYMⅠ、2SYMⅡ、2SYMⅢ	727Ⅰ、727Ⅱ、727Ⅲ	7271L、7272L、7273L	7271、7272、7273
6	事故音响信号（发遥信时）	3SYM	808	808L	808
7	预告音响信号（瞬时）	1YBM、2YBM	709、710	709L、710L	709、710
8	预告音响信号（延时）	3YBM、4YBM	711、712	711L、712L	711、712
9	预告音响信号（用于配电装置）	YBMⅠ、YBMⅡ、YBMⅢ	729Ⅰ、729Ⅱ、729Ⅲ	7291L、7292L、7293L	7291、7292、7293
10	控制回路断线预告信号	KDMⅠ、KDMⅡ、KDMⅢ	713Ⅰ、713Ⅱ、713Ⅲ	7131L、7132L、7133L	7131、7132、7133
11	灯光信号	（−）XM	726	726L（−）	726
12	配电装置信号	XPM	701	701L	701
13	闪光信号	（+）SM	100	100L（+）	100
14	合闸电源	+HM、−HM		L+、L−	
15	"掉牌未复归"光字牌	FM、PM	703、716	703L、716L	703、716
16	指挥装置音响	ZYM	715	715L	715
17	自动调速脉冲	1TZM、2TZM	717、718	717L、718L	717、718
18	自动调压脉冲	1TYM、2TYM	Y717、Y718	7171L、7181L	7171、7181
19	同期装置越前时间	1TQM、2TQM	719、720	719L、720L	719、720
20	同期合闸	1THM、2THM、2THM	721、722、723	721L、722L、723L	721、722、723

续表

序号	小母线名称	旧符号及标号		新符号及标号	
		文字符号	回路标号	文字符号	回路标号
		（一）直流控制、信号和辅助小母线			
21	隔离开关操作闭锁	GBM	880	880L	880
22	旁路闭锁	1PBM、2PBM	881、900	881L、900L	881、900
23	厂用电源辅助	+CFM、−CFM	701、702	701L+、701L−	7011、7012
24	母线设备辅助	+MFM、−MFM	701、702	702L+、702L−	7021、7022
		（二）交流电压、同期和电源小母线			
25	同期电压（运行系统）	TQMa′、TQMc′	A620、C620	620L1、620L3	U620、W620
26	同期电压（待并系统）	TQMa、TQMc	A610、C610	610L1、610L3	U610、W610
27	自同期发电机残压	TQMj	A780	780L1	U780
28	第一组（或奇数）母线段电压	1YMa、1YMb（或YMb)1YMc、1YM$_L$、1S$_C$YM、YM$_N$	A630、B630（或B600)C630、L630、S$_C$630、N600	630L1、630L2(或600L2)、630L3、630L0、(试)630L3、600LN	U630、V630（V600)W630、L630、(试)W630、N600
29	第二组（或偶数）母线段电压	2YMa、2YMb（或 YMb) 2YMc、2YM$_L$、2S$_C$YM、YM$_N$	A640、B640（或B600)、C640、L640、S$_C$640、N600	640L1、640L2(或600L2)、640L3、640L0、(试)640L3、600LN	U640、V640（V600)W640、L640、(试)W640、N640
30	6～10kV 备用母线段电压	9YMa、9YMb、9YMc	A690、B690、C690	690L1、690L2、690L3	U690、V690、W690
31	转角	ZMa、ZMb、ZMc	A790、B790（或B600)、C790	790L1、790L2(或600L2)、790L3	U790、V790（V600)、W790
32	低电压保护	1DYM、2DYM、3DYM	011、013、02	011L、013L、02L	011、013、02
33	电源	DYMa、DYM$_N$		L1、N	
34	旁路母线电压切换	YQMc	C712	712L3	W712

注 表中交流电压小母线的符号和标号，适用于电压互感器二次侧中性点 N 接地方式；括号中的符号和标号，适用于二次侧 V 相接地方式。

参 考 文 献

1. 何永华，阎晓霞. 新标准电气工程图. 北京：中国水利水电出版社，1996.

2. 卓乐友，叶念国等. 微机型自动准同步装置的设计和应用. 北京：中国电力出版社，2002.

3. 何永华. 发电厂及变电站的二次回路（第二版）. 北京：中国电力出版社，2004.

4. 宋继成. 220～500kV变电所二次接线设计. 北京：中国电力出版社，1996.

5. 能源部西北电力设计院. 电力工程电气设计手册－电气二次部分. 北京：水利电力出版社，1991.